FORSCHUNGSERGEBNISSE
DES VERKEHRSWISSENSCHAFTLICHEN INSTITUTS FÜR LUFTFAHRT
AN DER TECHNISCHEN HOCHSCHULE STUTTGART
HERAUSGEGEBEN VON PROF. DR.-ING. CARL PIRATH
HEFT 4

# DIE LUFTVERKEHRSWIRTSCHAFT IN EUROPA UND IN DEN VEREINIGTEN STAATEN VON AMERIKA

VON

PROF. DR.-ING. CARL PIRATH

MIT 45 ABBILDUNGEN IM TEXT

Springer-Verlag Berlin Heidelberg GmbH

1931

ISBN 978-3-540-01137-8     ISBN 978-3-642-94539-7 (eBook)
DOI 10.1007/978-3-642-94539-7



DRUCK VON R. OLDENBOURG, MÜNCHEN UND BERLIN

# Vorwort.

Die vorliegende Arbeit untersucht die verkehrspolitische und verkehrswirtschaftliche Lage in der Erschließung der Räume durch den Luftverkehr. Diese Lage ist gekennzeichnet durch starke Bestrebungen zur Vereinheitlichung und Zusammenfassung in verkehrlicher und organisatorischer Hinsicht, die in ihren Ursachen und Zielen von besonderer Bedeutung für die Förderung des Weltluftverkehrs sind.

Zwei Entwicklungszellen, Europa und die Vereinigten Staaten von Amerika, greifen immer weiter vom Eigenluftverkehr zum Weltluftliniennetz aus. Die Lage und Ziele ihrer Luftverkehrswirtschaft umschließen das Problem des Weltluftverkehrs und bestimmen in erster Linie seine Lösung. Ihre zielbewußte Entwicklungsarbeit beginnt bereits, sich auf wichtigen Flächen zukünftigen Luftverkehrs zu berühren und an manchen Stellen zu überdecken. Die daraus sich ergebende verkehrspolitische und verkehrswirtschaftliche Lage im Luftverkehr ist von großer Bedeutung für die zukünftigen Entwicklungsziele im Weltluftverkehr, denn die stärksten wirtschaftlichen Aktionszentren der Erde schicken sich an, im friedlichen Wettbewerb die Erschließung und die Verbindung der Erdteile auf dem Luftwege von ihrer Basis aus so weit wie möglich vorzutreiben. Zur Beurteilung der damit zusammenhängenden Probleme ist die Kenntnis der Kräfte und Spannungen der Entwicklungszellen notwendig.

Eine dreimonatliche Studienreise nach den Vereinigten Staaten von Amerika und Kanada im Herbst 1930 gab mir Gelegenheit, den Luftverkehr in diesen Ländern in seinen verkehrspolitischen, wirtschaftlichen und betriebstechnischen Voraussetzungen kennen zu lernen. Auf Grund der Studienergebnisse, die in zwei besonderen Abhandlungen dieses Heftes über die Luftverkehrswirtschaft und die Flughäfen der Vereinigten Staaten von Amerika ihren Niederschlag gefunden haben, ist das Wollen und Können der europäischen und nordamerikanischen Länder auf dem Gebiete des Luftverkehrs gegenübergestellt. Die Untersuchung ihrer Luftverkehrswirtschaft nach Lage und Ziel soll der Klärung dienen, auf welchen Gebieten beide Erdteile sich zur Förderung des Weltluftverkehrs befruchten und ergänzen können.

Allen Stellen, die die finanzielle Grundlage zu meiner Studienreise nach Nordamerika schafften, vor allem der Notgemeinschaft der Deutschen Wissenschaft, möchte ich hier meinen besonderen Dank aussprechen. Das große Entgegenkommen, mit dem insbesondere die Aeronautics Branch des Department of Commerce, das Post Office Department in Washington, die Aeronautical Chamber of Commerce in New York und die amerikanischen Luftverkehrsgesellschaften meine Studien förderten, erleichterte mir in besonders dankenswerter Weise die Durchführung meiner Studienarbeiten.

Carl Pirath.

Stuttgart, im Oktober 1931.

# Inhaltsverzeichnis.

## Luftverkehrspolitik und Stand des Weltluftverkehrs.



## Die Luftfahrt-Wirtschaft der Vereinigten Staaten von Amerika.

# Die Flughäfen in den Vereinigten Staaten von Amerika in Ausgestaltung und Betrieb.

# Luftverkehrspolitik und Stand des Weltluftverkehrs.

## I. Die Luftverkehrspolitik Europas und der Vereinigten Staaten von Amerika.

### 1. Ursachen und Ziele.

Es liegt im System der nationalen und internationalen Arbeitsteilung, daß die lebenmehrende Wirkung im Raum mit der Erschließung der Räume durch den Verkehr ein immer lebendiges Motiv für die Verkehrspolitik wirtschaftsstarker Länder gewesen ist. Die Fassungskraft und Lebensfülle der Räume wächst nahezu parallel mit ihrer Erschließung. Auf das heutige Verkehrswesen angewandt, müssen wir danach an einer Wende der Kapazität der Weltwirtschaft stehen, wenn wir das rasch entwickelte Luftverkehrsnetz der verschiedenen Erdteile überschauen, von dem vor 6 Jahren nur Keimzellen kleinster Art vorhanden waren. Ganz besonders geartete Triebkräfte müssen dieses neuartige Bild der Verkehrsgelegenheiten mit höchsten Reisegeschwindigkeiten in erschlossenen und unerschlossenen Gebieten zustandegebracht haben, wenn wir nach einer Erklärung angesichts des heutigen Ausbaustands des Weltluftliniennetzes suchen.

Gewiß ist diese Erklärung nicht mehr nötig, aber es ist gut, immer wieder darauf hinzuweisen, daß der Aufbau des Luftverkehrs, seine Zukunft und sein Schicksal in dem Gesetz verankert sind, daß die Fassungskraft der Räume sich in dem Maße vermehrt, als sich die Bedeutung der Entfernung in ihnen verringert. Dieses Gesetz ist nicht allein wichtig für die Entfernungsverminderung bei gegenständlichen Verkehrsarten wie Personen, Gütern und Post, sondern auch für die geistige Verbindung irgendwelcher Art erklärt es die starken Wirkungen in den heutigen Beziehungen der Kulturländer.

Die Feindseligkeit räumlicher Trennung und zeitlicher Entfernung, die im Wesen des menschlichen Gesellschaftslebens begründet ist, ist wohl zu keiner Zeit so stark empfunden worden als in der heutigen zivilisierten Welt. Fast gilt das Gesetz, daß sie sich in dem Maße steigert, in dem sie mit Erfolg bekämpft werden kann. Ihre Reichweite scheint unendlich. Ihre Hemmung der Lebensfülle im Raum ist unbestritten. In ihr liegt die Erklärung für die beispiellose Gemeinschaftsarbeit, in der sich bisher alle Kulturländer zusammengefunden haben, um die Mittel zur Entfernungsverminderung zu verbessern. Nur das Gebiet der Geisteswissenschaften und der Förderung der Gesundheit der Menschheit zeigt ähnliche Verbundenheit aller Völker. Diese Gemeinschaftsarbeit auf dem Gebiet des Verkehrswesens zwang die nationalen Wirtschaften zu einem Aufgehen in der Einheit der Weltwirtschaft, deren Stärke wir gerade heute in unserer Zeit ganz besonders erleben. Das Verkehrsnetz der Welt hat der Weltwirtschaft bereits eindeutig starke Abhängigkeiten und Beziehungen auferlegt, denen sie sich nicht mehr entziehen kann, und mit denen auch die Politik aller Länder als einem der wesentlichsten Faktoren für ihren Erfolg rechnen muß. Bei dieser starken Verbundenheit zwischen der Raumerschließung und der Lebensfülle der Völker erscheint uns die in 6 Jahren entwickelte Tatsache eines, wenn auch noch nicht geschlossenen, aber doch zum großen Teil aufgebauten Weltluftlinienverkehrsnetzes als eine selbstverständliche Folgerung der Luftverkehrspolitik aller Länder. Sie erklärt auch die Großzügigkeit ihres Wollens und ihre Differenzierung nicht mehr nach Ländern, sondern nach Erdteilen. Für manche Länder aber ist das Hauptinteresse an der Verkürzung der Verbindungen nicht allein wirtschaftlicher, sondern in höchstem Maße politischer Art. Kennzeichnend hierfür ist der Ausspruch des englischen Ministers für Flugwesen „Die Distanz ist der größte Feind unseres Reiches". Der Luftverkehr dient dieser Verkürzung in besonderer Weise, und da die Luftverkehrsgesellschaften heute noch in allen Ländern infolge ihrer Subventionierung durch die öffentliche Hand die Exponenten der Länder sind, so muß sich in dem Luftliniennetz und in ihrer Verkehrsarbeit die Luftverkehrspolitik der Länder ausdrücken.

Nach anfänglicher, vom technischen Instrument noch wesentlich bestimmter Beschränkung der Luftlinien auf das eigene Land und benachbarte Gebiete wuchsen sehr bald die Ziele in den einzelnen Kontinenten zusammen zu gemeinsamem Handeln im Ausbau des Luftliniennetzes von Kontinent zu Kontinent. Noch vor mehreren Jahren stand das Wachsen des Weltluftverkehrs im Schatten kleinlicher Interessenpolitik der Länder, vor allem in Europa. Heute sehen wir schon ein Zusammengehen, sobald die Luftlinien aus der Enge nachbarlicher Hemmungen zu anderen Kontinenten hinübergreifen. Die technische Entwicklung der Luftfahrzeuge, Luftschiffe wie Flugzeuge, rettete in den letzten Jahren den in politischen Hemmungen verstrickten kontinentalen Luftverkehr hinüber zu dem großen Ziel des Weltluftverkehrs, in dem die großen Wirtschaftseinheiten der Erde sich gegenüberstehen und sich aus den Naturgegebenheiten der Weltwirtschaft verbinden müssen.

Der Luftverkehr wuchs damit über sein anfänglich zu kleines Verkehrsfeld hinaus und in die Raumweiten hinein, in denen seine Erfolgsmöglichkeit liegt im Dienste der Allgemeinheit und in denen die Luftverkehrspolitik der Länder sich zu großen Zielen entfalten kann. Zwar sind und bleiben seine Wurzeln verankert im nationalen Luftverkehr, so daß er im Wettbewerb der Verkehrspolitik der Länder auch weiter seine Kräfte stärken muß. Aber es liegt über ihm das Interesse des Weltverkehrs, dessen Glied der internationale Luftverkehr ist und dessen Beziehungen zu anderen Erdteilen ihn unter ein gemeinsames Ziel stellen. Aber ähnlich wie in früheren Zeiten mit dem Ausgreifen der Länder über ihre Grenzen die maritime Machtpolitik entstand, so wird auch die Luftpolitik im Weltluftverkehr vielfach machtpolitisch orientiert und nicht immer der Gemeinschaftsarbeit förderlich sein.

Trotzdem können wir heute als eine besonders wichtige Erscheinung im Luftverkehrswesen das Zusammengehen der Luftverkehrspolitik der Länder eines Kontinents beobachten mit dem Ziel, in der Entwicklung des Weltluftverkehrsnetzes eine Entwicklungszelle darzustellen, die in ihrer Geschlossenheit ganz andere Kräfte entfalten kann als der kleinliche Kampf im eigenen Hause des Kontinents. So sehen wir in Europa auf der transkontinentalen Linie nach Ostasien Holland, England und Frankreich gemeinsame Ziele verfolgen und in Nordarmerika reichen Kanada und die Vereinigten Staaten von Amerika sich die Hand, um das Luftverkehrssystem Amerikas gemeinsam zu gestalten und an die übrigen Erdteile anzuschließen.

Gewiß ist diese Geschlossenheit noch nicht vollkommen. Sie wird und soll auch nicht zu einer Nivellierung der nationalen Luftfahrten oder zur Dämpfung ihrer inneren Kraft führen, aber sie zeigt sich in einer starken Besinnung auf gemeinsames Vorgehen, dort, wo die Erfahrung bereits die Nachteile einer getrennten Arbeit offenbart hat. Die Luftverkehrspolitik der Länder erkennt die Gleichartigkeit der Bedingungen, unter denen die nationalen Luftfahrten im gleichen Kontinent zur Erzielung ihres Enderfolges arbeiten müssen. Sie handelt bereits nach dem Grundsatz, daß unter diesen gleichen Voraussetzungen auch ein Zusammengehen möglich und notwendig ist, wenn der Anteil ihres Kontinents am Weltluftverkehr ein wirksamer für die Zukunft sein soll.

## 2. Entwicklungszellen im Weltluftverkehr.

Besonders lebendig ist dieser Wille zur Gemeinschaftsarbeit in den bedeutendsten Wirtschaftsgebieten der Erde, in Europa und Nordamerika. Vom Standpunkt der Weltluftverkehrspolitik heben sich Europa und die Vereinigten Staaten von Amerika und Kanada als die Entwicklungszellen aus dem Aufbauvorgang des Weltluftverkehrsnetzes heraus, neben denen alle anderen Gebiete und Erdteile weit zurückbleiben. In Abb. 1 und Tabelle 1 ist veranschaulicht und zahlenmäßig untersucht, welchen Anteil ihre Gesellschaften neben den Gesellschaften sonstiger Gebiete

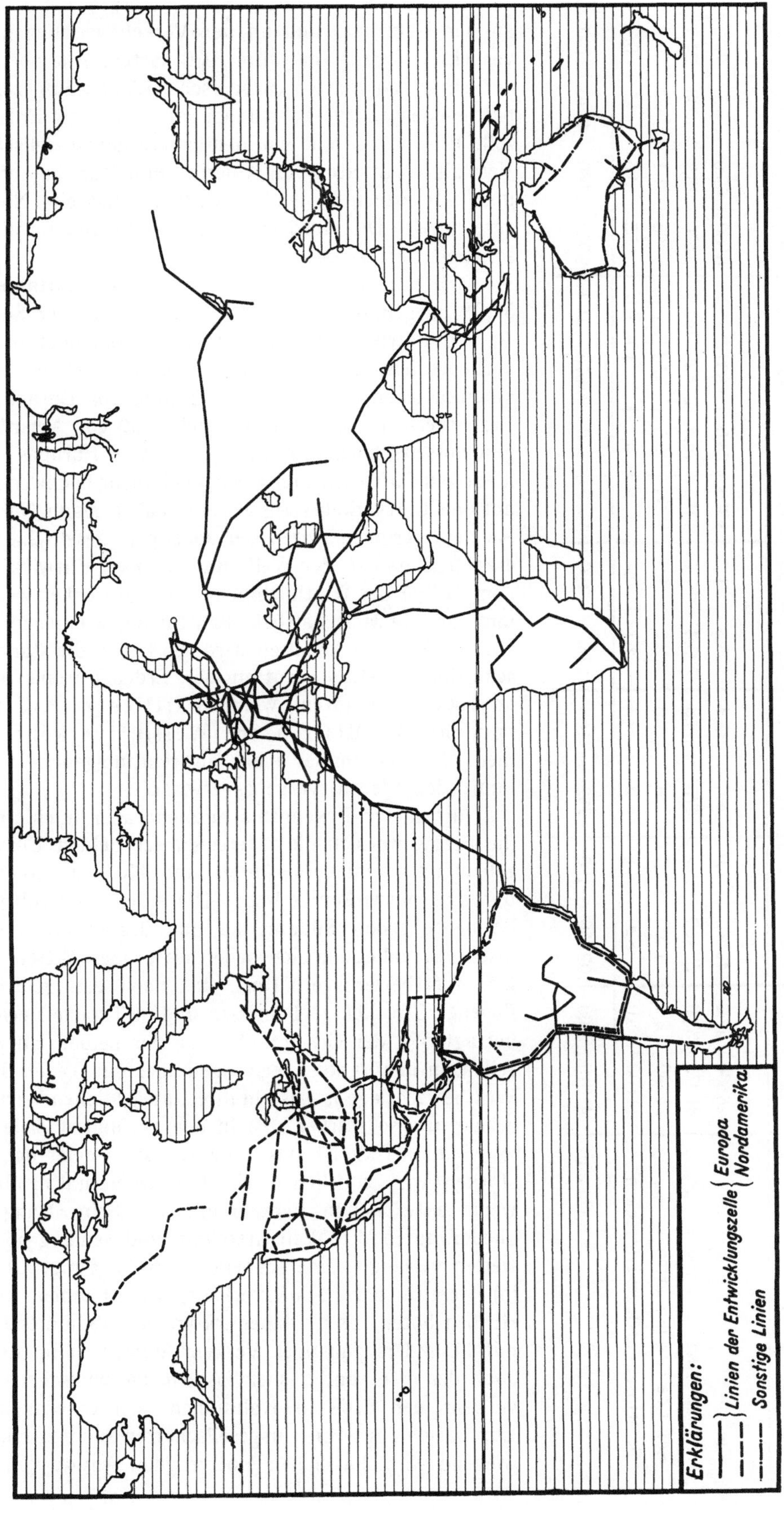


Abb. 1. Die Entwicklungszellen des Weltluftverkehrsnetzes im Jahre 1930.

Tabelle 1. **Luftliniennetz der Erde nach Entwicklungszellen mit Betriebs- und Verkehrsleistungen im Jahre 1930.**

| Entwicklungszelle | Netzlänge | | Flug-km | | Personen | | | | Post | | | | Fracht | | | |
|---|---|---|---|---|---|---|---|---|---|---|---|---|---|---|---|---|
| | km | % | 1000 km | % | 1000 | % | Mill. Perskm | % | t | % | 1000 tkm | % | t | % | 1000 tkm | % |
| 1 | 2 | 3 | 4 | 5 | 6 | 7 | 8 | 9 | 10 | 11 | 12 | 13 | 14 | 15 | 16 | 17 |
| Europa | 126 500 | 52,2 | 42 840 | 41,9 | 266 | 35,4 | 85,5 | 31,2 | 1 320 | 24,0 | 1 897 | 7,1 | 6 300 | 69,6 | 3 050 | 74,2 |
| Nordamerika | 81 975 | 33,9 | 57 400 | 56,2 | 476 | 63,3 | 185,4 | 67,4 | 4 155 | 75,4 | 24 625 | 92,5 | 2 600 | 28,7 | 1 000 | 24,3 |
| Sonstige Gesellschaften | 21 740 | 8,9 | 1 100 | 1,1 | 8 | 1,0 | 2,7 | 1,0 | 30 | 0,5 | 150 | 0,6 | 95 | 1,1 | 33 | 0,8 |
| Gemeinsam beflogene Strecken | 11 600 | 5,0 | 820 | 0,8 | 2 | 0,3 | 1,1 | 0,4 | 5 | 0,1 | 3 | 0,0 | 55 | 0,6 | 27 | 0,7 |
| Gesamt | 241 815 | 100 | 102 160 | 100 | 752 | 100 | 274,7 | 100 | 5 510 | 100 | 26 675 | 100 | 9 050 | 100 | 4 110 | 100 |

an der Netzlänge und an den Verkehrsleistungen im Luftverkehr der Erde im Jahre 1930 hatten. Alle von den Luftverkehrsgesellschaften europäischer Länder aufgezogenen und betriebenen Luftverkehrslinien sind dabei zur Entwicklungszelle Europa und alle von den Luftverkehrsgesellschaften der Vereinigten Staaten von Amerika und Kanada aufgezogenen und betriebenen Linien zur Entwicklungszelle Nordamerika gerechnet. Die übrigen Luftverkehrslinien fallen unter sonstige Gesellschaften.

Wir erkennen, daß Europa heute im Luftliniennetz mit 52,2% gegenüber Amerika mit 33,9% an der Spitze steht. In den Betriebs- und Verkehrsleistungen oder in der Luftverkehrsdichte ist das Verhältnis umgekehrt, hat also Nordamerika einen erheblichen Vorsprung vor Europa. Nur im Frachtverkehr liegt Europa noch weit vor Amerika, da die geschlossene hochentwickelte Industrie Europas und seine niedrigen Luftfrachtpreise erheblich mehr hochwertige Fracht auf den Luftverkehrsweg gezogen haben als in Nordamerika. An dem geringen Anteil der sonstigen Gesellschaften ist zu erkennen, daß in der Welt nur von zwei Entwicklungszellen zum Aufbau des Weltluftliniennetzes gesprochen werden kann, und daß ihre wirtschaftliche Kraft den gewonnenen Vorsprung auch in Zukunft behalten wird. So haben die stärksten wirtschaftlichen Aktionszentren der Erde, Europa und Nordamerika, eine ihren wirtschaftlichen Kräften entsprechende Mission im Weltluftverkehr übernommen, die sich immer mehr als richtunggebend für die Zukunft des Weltluftverkehrs erweist.

Mit dieser Erkenntnis entsteht aber auch unmittelbar die Frage, wo sich die Interessen der beiden Entwicklungszellen naturgemäß berühren und sich zu einem Wettbewerb auswirken müssen. Die stärkste Berührungsfläche ist heute schon Südamerika, um dessen luftverkehrstechnische Erschließung sich beide mit großen Mitteln bemühen. Das Wettbewerbsverhältnis, das nach den gemeinsam beflogenen Strecken zu bemessen und in Tabelle 1 ermittelt ist, beträgt 5% der Gesamtnetzlänge der beiden Entwicklungszellen, in den Verkehrsleistungen aber nur 0,4 bis 0,8%. Die Wettbewerbslage ist also in ihrer tatsächlichen Wirkung noch gering, um so stärker aber in den verfolgten Zielen.

Südamerika ist das bedeutendste Gebiet der Erde mit starken wirtschaftlichen Kräften bei verhältnismäßig noch wenig entwickelten Verkehrsmitteln. Sein Drang zur Eingliederung in die Weltwirtschaft und seine großen Raumweiten verlangen eine schnellere Erschließung, als sie bisher im wesentlichen Schiffsverkehr, Eisenbahnen und Landstraßen boten. Es ist daher erklärlich, daß in diesen Gebieten mit besonders günstigen Verkehrsaussichten im Luftverkehr auch der erste und bisher fast einzige wirtschaftliche Luftverkehr der Erde in Kolumbien sich entwickeln konnte. Europäische Luftverkehrsgesellschaften suchten hier aus vorwiegend wirtschaftlichen Motiven den Absatz von Luftfahrzeugen durch Einrichtung von Luftverkehrslinien zu fördern oder aber Stützpunkte für den zukünftigen Transozeanverkehr zu schaffen. Die Vereinigten Staaten von Amerika verfolgen grundsätzlich gleiche Ziele, aber sie sehen in dem Ausbau des nord-südamerikanischen Luftverkehrsnetzes unter ihrer Leitung eine wertvolle Basis, von der aus sie über den atlantischen und pazifischen Ozean die nördliche und südliche Halbkugel auf dem Luftwege erschließen können.

So entwickelten sich in Südamerika zuerst die Interessensphären des europäischen und amerikanischen kontinentalen Luftverkehrs, die später in Luftlinien über den Atlantik noch weit stärkere Berührungsflächen finden werden. Der Atlantik mit seinem starken Verkehrsbedürfnis für Post, hochwertiges Gut und Übersee-Reisende wird den europäischen und amerikanischen Luftverkehr zu starken Kraftanstrengungen zwingen, während im Rücken jeder der beiden Erdteile sein nahezu außer Wettbewerb stehendes Luftverkehrsgebiet bearbeiten kann.

Abb. 1 zeigt als kräftigsten Ausläufer des europäischen Luftverkehrs das Liniennetz nach dem Osten und Südosten Asiens, nach Australien und Afrika. Zwar stehen sich hier die europäischen nationalen Luftfahrten zum Teil als Wettbewerber gegenüber. Das hemmt vielfach ihre Gemeinschaftsarbeit und fördert das eigene Interesse der einzelnen Länder, um so mehr als machtpolitische Gründe für die Einrichtung dieser Linien mitspielen. Es ist erklärlich, daß vor allem England das gemeinsame Vordringen anderer europäischer Staaten auf dem Luftwege nach Ostasien und Australien mit besonderer Sorge verfolgt. Die Erfolge deutscher Luftverkehrsgesellschaften in Vorderasien und neuerdings in China, sowie die Zusammenarbeit holländischer und französischer Gesellschaften im Flugdienst nach Holländisch-Indien und Französisch-Indochina sind ein charakteristisches Beispiel dafür, daß die Weltverkehrslinien auf dem Luftweg sich nicht in gleicher Weise politisch kontrollieren und bestimmen lassen, wie es auf dem See- und Landweg vielfach möglich ist. Die Universalität des Luftraums wird auch hier zu europäischer Gemeinschaftsarbeit führen, die der Erschließung des fernen Ostens durch den Luftverkehr nur dienlich sein kann.

Rußland, das neuerdings fast seinen gesamten Luftverkehr in einer Gesellschaft, der W.O.G. W.F. zusammengefaßt hat, neben der die Deruluft allein noch tätig ist, hat sein gewaltiges Gebiet mit einem innerstaatlichen Luftliniennetz überspannt, dessen Grenzpunkte in erster Linie nach machtpolitischen Gesichtspunkten orientiert sind. Es sieht aber auch bereits die Zeit voraus, wo es sich allein am Durchgangsverkehr Europa—Asien beteiligen kann.

In Afrika haben sich bisher zwei Interessensphären für seine verkehrstechnische Erschließung gebildet. Frankreich betätigt sich im wesentlichen auf der westlichen Hälfte, England auf der östlichen Hälfte entsprechend der Lage ihrer Hoheitsgebiete. Nur im Süden berühren und kreuzen sich ihre Pläne. England hat mit großer Aktivität die Vorarbeiten zur Einrichtung der Kap—Kairo-Transkontinentalstrecke eingeleitet. Frankreich versucht zusammen mit Belgien seine Pläne, die auf einen Anschluß Madagaskars an das französische Transkontinentalnetz hinauslaufen, zu verwirklichen. Inzwischen haben englische und deutsche Unternehmungen, letztere unter Führung der Junkers-Werke, in der südafrikanischen Union und im ehemaligen Südwestafrika bereits Verteilungsnetze für die Transkontinentalstrecke in ihrem südlichsten Teil eingerichtet und in Betrieb genommen. Die nächsten Jahre werden uns den gesamten schwarzen Erdteil, vor allem aber Zentralafrika, in eine bisher nicht geahnte Nähe bringen und den afrikanischen Gebieten neue Entwicklungsmöglichkeiten geben.

Auf der anderen Seite richten die Vereinigten Staaten von Amerika und Kanada in zunehmendem Maße ihr besonderes Augenmerk auf eine luftverkehrstechnische Überwindung des Pazifischen Ozeans, über den sie ihre Luftlinien legen können ohne irgendwelche nennenswerte Teilnahme anderer Länder. Es wird auf diesen Punkt in der besonderen Abhandlung über die Luftverkehrswirtschaft in den Vereinigten Staaten von Amerika noch näher eingegangen werden.

Die vertraglichen Abmachungen zur Einrichtung eines Luftverkehrs durch Luftverkehrsgesellschaften Europas oder Nordamerikas in fremden Staaten sind im allgemeinen den verschiedenartigsten Gesichtspunkten unterworfen. Grundsätzlich legen fast alle fremden Staaten, wenn sie irgendwie eine aktive Verkehrspolitik überhaupt betreiben, Wert darauf, auf Grund ihrer Hoheitsrechte dem Luftverkehr ihres Landes einen möglichst nationalen Einschlag zu geben. Sie überlassen daher meist den ausländischen Interessenten den technischen und betrieblichen Teil des

Luftverkehrs, während sie selbst sich starken Einfluß auf die Tarifgestaltung, Beförderungsbedingungen und Personalverwendung sichern. Da die Beschaffung des Flugzeugmaterials in der Regel
Sache des ausländischen Flugunternehmens ist, so ist dieses in der Lage, im Interesse seiner
heimischen Luftfahrt-Industrie zu wirken. Die Aufbringung der Mittel für die Beschaffung des
Flugmaterials ist entweder Sache der ausländischen Gesellschaft, wofür ihr dann als Gegenleistung
höhere staatliche Subventionen seitens des beflogenen Landes im Luftbetrieb gewährt werden, oder
aber beide Vertragspartner sind an der Aufbringung beteiligt. In letzterem Fall sind die Zubußen
des beflogenen Staates entsprechend herabgesetzt. Die Flughäfen werden in den meisten Fällen vom
Land kostenlos zur Verfügung gestellt, in besonders gelagerten Verhältnissen muß die Luftverkehrsgesellschaft für ihre Anlage sorgen. Je größer die finanzielle Mitwirkung des Landes ist, um so mehr
ist die ausländische Luftverkehrsgesellschaft auf den technischen Betrieb beschränkt und in der
Verwendung ihres Personals gebunden an einheimische Kräfte des Landes. Die Vertragszeiten
erstrecken sich auf 1 bis 5 Jahre. Kürzere Zeiten sind in der Regel dort eingesetzt, wo die ausländische Gesellschaft sich im wesentlichen nur mit ihrem Flugzeugpark einsetzt, die längeren
Zeiten in den Fällen, in denen sie auch kostspielige feste Anlagen in Gestalt von Flughäfen und
Streckenausrüstung zu übernehmen hat. Naturgemäß werden die verschiedenen Vertragsgrundsätze
materiell erheblich bestimmt von den Aussichten, die ein Land nach seiner wirtschaftlichen Struktur für einen nutzbringenden Luftverkehr bietet.

Die beiden Entwicklungszellen im Weltluftverkehr, Europa und Nordamerika, haben bereits
eine starke Berührungsfläche in den Küstengebieten des Atlantik in Südamerika gefunden. Das für
jeden der beiden im Osten und Westen offene Betätigungsfeld wird Gelegenheit zur Expansion
bieten, falls die Interessengegensätze auf dem Gebiete gemeinsamer Ziele der Luftverkehrspolitik
sich zu stark entwickeln sollten. Diese Ausgleichsmöglichkeit ist ein besonders wertvolles Aktivum in
den Faktoren, die den Ausbau des Luftverkehrsnetzes nach Zeit und Umfang bestimmen.

### 3. Gemeinschaftsarbeit im Luftverkehr.

Die Luftverkehrspolitik von Europa und Nordamerika ist in drei Zielen verankert. Das erste
Ziel ist, in der Erstarkung der nationalen Luftfahrt im kontinentalen Luftverkehrsnetz die Kräfte
zu sammeln, die zur Erreichung des zweiten Zieles, maßgebenden Einfluß auf den Ausbau des Weltluftliniennetzes zu gewinnen, notwendig sind. Ihr drittes Ziel liegt darin, in möglichst geschlossenem
Handeln dort die Lage zu nutzen, wo gleich starke Kräfte anderer Erdteile ihre Luftfahrtinteressen
vertreten. Gemeinschaftsarbeit wird dort um so leichter sein, wo vorwiegend wirtschaftliche Interessen die Maßnahmen der Luftverkehrspolitik bestimmen. Und das wird der Fall sein auf dem gemeinsamen Luftverkehrsfeld von Europa und Nordamerika, in Südamerika und auf dem Atlantik.
Sie wird dort aber auch weiterhin gehemmt werden, wo die Machtpolitik der Länder zu einem
Wettbewerb mit unsachlichen Mitteln führt.

Nach den Entwicklungserscheinungen der letzten Jahre werden aber diese machtpolitischen
Hemmungen immer mehr zurücktreten hinter dem gemeinsamen Interesse, auf
dem Luftwege Völker und Erdteile näher zu bringen. Es ist ein Segen und ein Nachteil zugleich,
daß Europa ein mannigfaltiges Bild des Luftverkehrs politischer und wirtschaftlicher Art zeigt,
und daß auf diese Weise zwar praktisch die Nachteile dieser Tendenzen erprobt werden können,
aber unter starken inneren Reibungen, die einer besseren Sache wert wären. Der Gesamtkomplex
des heutigen Luftverkehrs und -betriebs in den verschiedenen Erdteilen zeigt, daß kein Land
allein die großen Schwierigkeiten, die auf dem Wege zum Weltluftliniennetz zu überwinden sind,
meistern kann, da sie seine Kräfte übersteigen würden. Die Eigenart des Luftbetriebs, der nicht
an politische, wohl aber an technische Grenzen des Luftmeeres und der Erdoberfläche gebunden ist,
erfordert einen Erfahrungsaustausch wie bei keinem anderen Verkehrsmittel, wenn die Luftlinien
sicher und wirtschaftlich sich entwickeln sollen. Auch diese auf der technischen Seite liegende
Notwendigkeit zur Gemeinschaftsarbeit wird die Luftverkehrspolitik der einzelnen Länder mit der
Zeit immer mehr bestimmen und sie auf den Weg möglichster Ausschaltung politischer Gesichtspunkte im eigenen Interesse zwingen.

# II. Stand des Weltluftverkehrs.

Der heutige Stand des Weltluftverkehrs kann als der sinnfällige Ausdruck der Luftverkehrspolitik der verschiedenen Länder angesprochen werden, wie sie im vorhergehenden in ihren grundsätzlichen Zügen gekennzeichnet wurde. Eine eingehende Behandlung in bezug auf Organisation, Sicherheit, Leistungsfähigkeit und Wirtschaftlichkeit erscheint an dieser Stelle und zu diesem Zeitpunkt um so mehr geboten, als in letzter Zeit charakteristische Erscheinungen in der Entwicklung festzustellen sind, die von besonderer Bedeutung für die Zukunft sein werden. An der Schwelle dieser Entwicklungsmerkmale steht der stark fortgeschrittene Ausbau des kontinentalen Luftliniennetzes in Europa und Nordamerika und sein Ausgreifen nach benachbarten Erdteilen.

Der Betrieb in den kontinentalen Luftliniennetzen führte zu besonders wichtigen praktischen Erkenntnissen, die mit den theoretischen Überlegungen zusammenstimmen. Es ist das erstens in organisatorischer Hinsicht die Zweckmäßigkeit einer **Konsolidierung der Luftverkehrsgesellschaften**, zweitens in betriebswirtschaftlicher Hinsicht die Verbesserung der **Sicherheit** durch leistungsfähige Motore und durch den Ausbau der Flugsicherung, **Erhöhung der Fluggeschwindigkeiten** und die Überleitung des subventionierten Luftverkehrs aus einer zum Teil stark unrationellen Betriebsweise in eine **Rationalisierung der Betriebsarbeit**, die die besten Voraussetzungen zum wirtschaftlichen Luftverkehr in sich schließt.

Der Wille zur Förderung der Luftfahrt wird in fast allen Ländern in zunehmendem Maße neuerdings charakterisiert durch das Streben nach Vereinheitlichung und Zusammenfassung auf allen Gebieten. Die Zeit des Einsatzes des Luftfahrzeugs um jeden Preis, wo irgend Geld und Liebe zur Luftfahrt sich zeigte, ist einer zweckbestimmten Verwendung des Luftfahrzeugs gewichen, die mehr als je die Entwicklung zu fördern geeignet ist.

## 1. Organisation des Luftverkehrs.

Der Gedanke, durch **große** Unternehmungen den Luftverkehr zu entwickeln und nicht etwa in zahlreichen Einzelgesellschaften wertvolle Versuchs- und Aufbauarbeit zu verzetteln, setzt sich immer mehr durch und wird von Jahr zu Jahr verwirklicht. Wie sehr durch solch einheitliche Organisation die betriebstechnische Entwicklung gefördert wird, ist bereits wiederholt an dieser Stelle hervorgehoben worden. Auch darauf ist hingewiesen worden, daß das Leben und Werden der nationalen Luftfahrtunternehmungen und der große Raum, auf dem sie sich betätigen können, eine genügende Bürgschaft dafür geben wird, daß ein gesunder Wettbewerb dem Luftverkehr erhalten bleibt.

Aber etwas anderes hat den Sinn für Großunternehmungen in letzter Zeit gestärkt und wird immer mehr den Allgemeinwert des Luftverkehrs bestimmen. Es ist das der **volkswirtschaftliche Vorteil**, den jede **Großorganisation** im Verkehrswesen in sich schließt, nämlich durch Zusammenfassung von Ausgaben und Einnahmen in großen Unternehmungen den Transport weniger belastbarer Verkehrsarten durch höher belastbare Verkehrsarten zu stützen. Der damit mögliche volkswirtschaftliche Ausgleich der Verkehrsarbeit in einem Unternehmen muß organisatorisch zur Konsolidierung im Luftverkehr führen. Durch sie wird in erster Linie erreicht, die Luftfahrt als Ganzes zu fördern und zu wirtschaftlicher Selbständigkeit zu bringen, da ein Großunternehmen unter aussichtsreicher Anbahnung der Wirtschaftlichkeit eines einnahmegünstigen Transportzweigs, z. B. des Luftpostverkehrs, gleichzeitig die Grundlagen und Voraussetzungen schaffen kann für die Entwicklung anderer, weniger einnahmegünstiger Transportzweige, z. B. des Personenverkehrs. Nicht ein Auseinanderfließen der Einnahmen des Luftverkehrs in verschiedene Luftverkehrsgesellschaften, sondern eine Zusammenfassung kann der Luftfahrt am meisten förderlich sein und die Kapazität ihres Verkehrsfeldes vergrößern. Daß hierbei zuerst der einnahmegünstige Verkehr auszubauen ist, liegt auf der Hand, ebenso wie es aber auch aus psychologischen Gründen notwendig ist, den einnahmeungünstigen Verkehr im Interesse der Allgemeinheit nicht zu vernachlässigen.

Welches Maß, welche Luftliniennetze und welche finanzielle Stärke die Luftverkehrsunternehmungen zur Erfüllung dieser Aufgaben haben müssen, richtet sich nach der wirtschaftlichen

Struktur der im Luftverkehr zu bedienenden Flächen und nach der Zahl der diese Flächen belegenden nationalen Wirtschaftseinheiten. Will beispielsweise in Europa jedes Land ein eigenes Luftverkehrsunternehmen aufziehen, um seine nationale Luftfahrt zu entwickeln, so führt dieses Bestreben zunächst zu einer wenig günstigen Zusammenfassung des Luftverkehrs. Die Einheiten werden dann vom verkehrs- und volkswirtschaftlichen Gesichtspunkt zu klein sein, wenn sie sich lediglich auf ihr Land beschränken, ganz gleich ob es die Schweiz oder Deutschland ist. Es ist daher eine durchaus natürliche Entwicklung, daß in Europa alle Länder ihr Verkehrsnetz weit über ihre Landesgrenzen ausdehnen müssen, um die nötige Bewegungsfreiheit in dem inneren Ausgleich der verschiedenen Einnahmefaktoren aus einer angemessenen Netzgröße mit einnahmegünstigen großen Transportweiten zu erzielen.

Daß hierbei ein Übergreifen der Interessensphären der nationalen Gesellschaften der verschiedenen Länder zu einer Übersättigung der Luftverkehrsbedienung Europas führen kann, haben bereits zahlreiche Beispiele der Vergangenheit gezeigt. Im großräumigen Nordamerika kennen wir Ähnliches nicht.

Eine gewisse Rationalisierung hat in den letzten Jahren zweifellos eingesetzt, indem die europäischen Länder und ihre Luftverkehrsunternehmungen eine, wenn auch schwierige, aber doch durchweg gesunde Angleichung ihrer Luftverkehrspläne angebahnt haben. Es herrscht der Eindruck vor, daß Europa anfängt, sein Luftverkehrsnetz nach verkehrswirtschaftlich gesunden Gesichtspunkten aufzuziehen und dabei die Verkehrswertigkeit der verschiedenen Verkehrsarten in der Reihenfolge Post, Fracht und Personen richtig einzuschätzen.

In diese Linie fallen vor allem die Bestrebungen europäischer Länder, den kontinentalen Luftverkehr in bezug auf Liniennetz und Fahrplan so zu gestalten, daß er den Verkehrsinteressenten Vorteile bringt, und den Luftpostverkehr zum Rückgrat des europäischen kontinentalen Luftverkehrs zu machen. Das bedeutet einen sehr wesentlichen Fortschritt, der das bisher im Luftverkehr Geleistete nicht zu negieren braucht, sondern es richtig auswertet. Es besteht für das verhältnismäßig dicht mit Großstädten größeren Luftverkehrsbedürfnisses übersäte Europa kein Zweifel, daß ein systematisches, für den Nachtluftverkehr aufgezogenes Luftpostnetz ein größeres Verkehrsvolumen an Post an sich ziehen kann und dem Luftpostverkehr seine besondere Berechtigung gibt. Eine Zusammenkunft zwischen den Vertretern der Postverwaltungen von 12 und der Luftverkehrsministerien von 5 Ländern in Brüssel im Oktober 1930 dürfte die systematische Untersuchung des Luftverkehrsbedürfnisses für Europa und seine zweckmäßigste Befriedigung auf eine aussichtsreiche Bahn gebracht haben. Die Vereinheitlichung im europäischen Postverkehr wird in erster Linie geeignet sein, die so dringend notwendige europäische Einheit im Luftverkehr zu fördern.

In den Vereinigten Staaten von Amerika, dem Luftverkehrsland größter politischer und wirtschaftlicher Einheit, hat sich die Organisation des Luftliniennetzes ganz nach den Gesichtspunkten der Zweckmäßigkeit einstellen können und auch neuerdings eingestellt. Aus der übergroßen Zahl der Einzelgesellschaften sind drei Großorganisationen für den inneren kontinentalen Verkehr gebildet worden, die allein 64% aller amerikanischen Luftlinien umfassen. Wir sehen also auch hier, wo politische Grenzen keine Einengung für den Luftverkehr bringen, aus den Verhältnissen heraus ein Übergehen zum Großunternehmen, das wir als die zweckmäßigste Organisationsform für Betrieb und Verkehr erkannt haben. Im wesentlichen aufgebaut auf den günstigen Ergebnissen des Postluftverkehrs sind diese Großunternehmungen in der Lage, auch dem weniger tragfähigen Fracht- und Personenverkehr Beförderungsbedingungen zu bieten, die ihre günstigen Auswirkungen im gegenseitigen Ausgleich der Einnahmen aus Post, Fracht und Personen nicht verfehlen werden. In all diesem prägt sich der eingangs erwähnte Gesichtspunkt der volkswirtschaftlichen Bedingtheit eines wirtschaftlich arbeitenden Verkehrsunternehmens aus, deren Berücksichtigung eine Förderung der Luftfahrt ganz allgemein darstellt.

Aber auch nach großzügiger Konsolidierung des Luftverkehrs in Großunternehmungen wird eine reine Aufteilung des Luftverkehrsfeldes unter die verschiedenen Gesellschaften in der Weise, daß lediglich Punktberührung an den Grenzen, aber keine Linienüberdeckung vorliegt, nicht durchführbar sein. Vor allem in Europa ist das betriebs- und verkehrstechnische Übereinandergreifen der verschiedenen Gesellschaftsnetze in Gestalt von indirektem Wettbewerb, der in einer Betriebsgemeinschaft liegt, oder in Form von direktem Wettbewerb nicht zu vermeiden. Aber auch Nordamerika hat getreu den Wettbewerbsgrundsätzen im Eisenbahnwesen die Luftliniennetze der Großunternehmungen ineinandergreifen lassen in der Absicht, einen lebendigen Wettbewerb auf bestimmten Linien zu ermöglichen.

Die Allgemeinheit interessiert, wie weit diese Überdeckung der Luftverkehrsnetze durchgeführt ist, denn in ihr liegt eine gewisse Sicherung gegen monopolistische Bestrebungen großer Einheitsgesellschaften. In Tabelle 2 ist der Wettbewerbsfaktor, d. h. das Verhältnis zwischen der Summe der Fluglinien der Gesellschaften und dem Liniennetz des Landes ermittelt. Er gibt einen sehr lehrreichen Aufschluß darüber, daß in allen Erdteilen der Wettbewerbsfaktor vorliegt und besonders stark in Südamerika und Europa ausgebildet ist. Das entspricht in Südamerika dem Zusammentreffen der Hauptentwicklungszellen im Luftverkehr, Europas und Nordamerikas, auf diesem bedeutendsten Wettbewerbsfeld. In Europa aber erklärt sich der hohe Faktor aus den engen Landesgrenzen und der Notwendigkeit, im Interesse eines leistungsfähigen Luftverkehrs die weiten Strecken zwischen Orten mit großem Luftverkehrsbedürfnis in gegenseitigem Einvernehmen zu beleben und auszunutzen. Australien ist der einzige Erdteil, dessen Wettbewerbsfaktor gleich 1 ist, weil es nach seiner ganzen wirtschaftlichen und verkehrsgeographischen Struktur und auch nach seinen verkehrspolitischen Anschauungen auf einen Wettbewerb verzichten kann und will.

Tabelle 2. **Der Wettbewerbsfaktor im Luftliniennetz im Jahre 1931.**

| Land | Summe der Fluglinien der Gesellschaften km | Liniennetz des Landes km | Wettbewerb der Fluglinien Spalte 2 / Spalte 3 |
|---|---|---|---|
| 1 | 2 | 3 | 4 |
| Vereinigte Staaten von Amerika . | 56 643 | 47 819 | 1,18 |
| Europa[1] . . . . . . . . . . . | 82 345 | 61 870 | 1,29 |
| Europa[2] . . . . . . . . . . . | 68 220 | 61 870 | 1,10 |
| Südamerika . . . . . . . . . . | 49 877 | 36 061 | 1,38 |
| Australien . . . . . . . . . . | 12 000 | 12 000 | 1,00 |

[1]) Spalte 2 umfaßt neben den nur von einer Gesellschaft beflogenen Linien auch die Fluglinien, die in direktem und indirektem Wettbewerb (Betriebsgemeinschaft) beflogen werden.
[2]) Spalte 2 umfaßt neben den nur von einer Gesellschaft beflogenen Linien nur die Fluglinien, die in direktem Wettbewerb beflogen werden.

So wertvoll der Wettbewerbsfaktor für die Entwicklung des Luftverkehrs ist, so hemmend kann er wirken, wenn er überspannt wird. Denn es liegt dann die Gefahr vor, daß die Wirtschaftlichkeit im Luftverkehr bei der verhältnismäßig dünnen Verkehrsdecke noch schwieriger erreichbar und die Subventionierung verewigt wird. Das eigene Interesse der nationalen Luftverkehrsgesellschaften wird dazu führen, durch Vereinbarungen einem ungesunden Wettbewerbsfaktor vorzubeugen.

Die praktische Auswirkung des volkswirtschaftlichen Ausgleichs der Verkehrsarbeit in Großunternehmungen des Luftverkehrs würde vom Standpunkt der Allgemeinheit nicht vollständig und günstig sein, wenn etwa der Luftverkehr seine Aufgaben isoliert im Verkehrsleben übernehmen wollte. Ganz abgesehen davon, daß der Luftverkehr noch erheblicher Unterstützung durch Subventionen bedarf, bis er als vollwertiges Verkehrsmittel seine Verkehrsaufgaben übernehmen kann, hat die Allgemeinheit ein Interesse daran, die Arbeit im Luftverkehr mit der Arbeit der übrigen Verkehrsmittel in Einklang zu bringen und sie aufeinander abzustimmen. Es ist zwar richtig, daß der Luftverkehr ganz neue Möglichkeiten im schnellen Transport bietet, es ist aber ebensowenig zu verkennen, daß seine Wurzeln in der Mitarbeit der übrigen Verkehrsmittel liegen werden. An irgendwelchen Stellen des großen kontinentalen und transozeanen Verkehrsfeldes werden die Übergangs- und Berührungspunkte zwischen ihm und den erdgebundenen Verkehrsmitteln liegen. An manchen Stellen werden die Transportwege in der Luft diejenigen auf dem Land und Wasser überlagern und eine Wettbewerbslage erzeugen, die von vornherein in gesunde Bahnen gelenkt werden sollte.

In diesem Sinne würde es im Interesse der Entwicklung der Luftfahrt und im Interesse der volkswirtschaftlichen Arbeit der Verkehrsmittel liegen, wenn die Großorganisationen der Luftverkehrsunternehmungen sich vorwiegend mit den Großorganisationen der Verkehrsunternehmungen der Eisenbahnen und Schiffahrt in wirtschaftsstarken Ländern verbinden würden. Auf dieser Linie liegt die Interessenahme der deutschen Schiffahrtsgesellschaften am deutschen Flugzeug- und Luftschiffverkehr, ferner die finanzielle Beteiligung großer Eisenbahngesellschaften in den Vereinigten Staaten von Amerika und in Kanada an Luftverkehrsunternehmungen und ihre nicht allein fahrplanmäßige, sondern auch betriebswirtschaftliche Zusammenarbeit, die vor allen Dingen darin besteht, daß ein Abstimmen des Eisenbahn- und Luftwegs im Interesse der Einnahmen beider Verkehrsmittel und der Verkehrsinteressenten versucht wird. So haben sich die beiden großen kanadischen Luftverkehrsunternehmungen Anfang 1930 mit den beiden großen Eisenbahngesellschaften zu einem großen Konzern für Ferntransport zusammengeschlossen. Das Kapital von 3 Millionen Mark wurde mit 2 Millionen Mark von den Eisenbahnen und mit 1 Million Mark von den Luftverkehrsgesellschaften gestellt. Ihre gemeinsamen Ziele liegen in einheitlicher Regelung der Flug- und Eisenbahnpreise neben weitgehend sich ergänzender verkehrlicher Zusammenarbeit.

In der gleichen Richtung einer Zusammenarbeit der Verkehrsmittel liegt die finanzielle Einflußnahme der Postverwaltungen aller Länder auf den Luftverkehr. Die Postverwaltungen haben das allergrößte Interesse daran, ihren leistungsfähigen Betriebsapparat der lokalen Postbedienung möglichst wirkungsvoll anzuschließen an die im Luftverkehr gebotene Postbeförderung. Es liegt durchaus nahe, diese Verbindung so zu gestalten, daß, wie im Seeschiffahrtsverkehr auch im Luftverkehr, die Postverwaltungen sich aktiv am Aufziehen des Luftverkehrs finanziell beteiligen und damit der Allgemeinheit die Vorzüge des neuen Verkehrsmittels so weit und so schnell als möglich zugänglich zu machen. Daß dieser Weg bereits in den meisten Ländern beschritten ist, beweist die große Bedeutung einer richtigen Angliederung des Luftverkehrs an die vorhandenen Verkehrsmöglichkeiten durch technische und finanzielle Zusammenarbeit der Verkehrsmittel und ihrer Gesellschaften.

Auf diese Notwendigkeit der organisatorischen Zusammenarbeit zwischen Luft- und Erdverkehrsmitteln weisen vor allem die Erfahrungen im Verhältnis zwischen Eisenbahnen und Kraftwagen hin, deren Verkehrsfeld sich auf kleineren Transportweiten nicht allein berührt, sondern auch überschneidet. Nach jahrelangem hemmungslosem Wettbewerbskampf zwischen beiden wird jetzt eine Zusammenarbeit in der Weise gesucht und durchgeführt, daß im Interesse der Erhaltung der volkswirtschaftlichen Verkehrsarbeit die Eisenbahnen den Kraftwagen in ihren Geschäftskreis eingliedern durch Beteiligung an besonders beweglich arbeitenden Kraftwagen-Tochtergesellschaften. Der Kraftwagenverkehr erhält dabei seine gesundeste Förderung, soweit er im öffentlichen Verkehr eingesetzt werden kann, und die Allgemeinheit wird nicht zum Objekt rücksichtslosen Konkurrenzkampfes, der schließlich auf ihrem Rücken und zu ihrem Schaden im Verkehrswesen sich vollziehen würde. Hiernach sollte das Verhältnis zwischen Luftverkehr und Erdverkehrsmitteln sich gestalten und möglichst früh eine praktische Zusammenarbeit beider entwickelt werden. Wenn die europäischen Eisenbahnunternehmungen dem Beispiel der Seeschiffahrt und der amerikanischen Eisenbahnen folgen würden, so würde das nicht allein in ihrem Interesse sondern vor allem auch im Interesse der Allgemeinheit liegen, die in der verkehrswirtschaftlich möglichst großen Einheit ihren Vorteil suchen und eine Zersplitterung der Kräfte ablehnen muß. Anfänge hierzu sind in Deutschland und in England erfreulicherweise festzustellen; sie sollten aber bald zu einer noch engeren Verbundenheit zwischen Luftverkehr und Eisenbahnen, vor allem in den Auslandsbeziehungen, führen.

## 2. Sicherheit.

Der Sicherheitsfaktor im planmäßigen Luftverkehr wird um so mehr zum Angelpunkt der Daseinsberechtigung des Luftverkehrs, je mehr die anderen technischen Faktoren im Luftverkehrsbetrieb wie Reichweite und Leistungsfähigkeit sich entwickeln und verbessert werden. Über seine Lage in den letzten beiden Jahren gibt Tabelle 3 einen Aufschluß für die hauptsächlichsten Luftverkehrsländer, soweit zahlenmäßige Unterlagen zur Verfügung standen. Vergleichen wir die in der Tabelle gegebenen Zahlen mit denjenigen in früheren Jahren (siehe Heft 3 der „Forschungsergebnisse des Verkehrswissenschaftlichen Instituts für Luftfahrt"), so zeigen sich starke Schwankungen im Vergleich der verschiedenen Länder untereinander. Neben der Schweiz sind in günstigem Sinne führend vor allem die Vereinigten Staaten von Amerika und Deutschland. Im Vergleich der Jahre der einzelnen Gesellschaften liegt aber neben starken Schwankungen eine bemerkenswerte Konstanz der Zahlen vor. Stark sind die Schwankungen vor allem in Großbritannien, das nach einer überaus glücklichen Zeit der Sicherheit im Luftverkehr vor 1929 in den letzten Jahren den höchsten Unfallfaktor aufweist. Erheblich geringer und im Durchschnitt näher liegen die Zahlen der Vereinigten Staaten von Amerika und Deutschlands, wobei vor allen Dingen die günstigen Zahlen in ersterem Land bemerkenswert sind, zu deren Erklärung noch in Abhandlung 2 dieses Heftes Ausführungen gegeben werden.

Die Analyse der Unfallursachen kennzeichnet die Wege, auf denen der Sicherheitsfaktor verbessert werden kann und muß. Tabelle 4 enthält die Unfallursachen in der Zivilluftfahrt 1930, also im planmäßigen und privaten Luftverkehr für die Vereinigten Staaten und Europa, die nach eingehender Untersuchung der Vergleichsgrundlagen zusammengestellt wurde. Das gute Motorenmaterial, die günstigen Wetterverhältnisse, verbunden mit guter Wetterberatung in den Vereinigten Staaten von Amerika haben den Anteil der Motore und des Wetters an den Unfallursachen im Vergleich zu Europa niedrig gehalten, während Europa in den Ursachen der Bedienungsfehler, Materialfehler und der Flugplätze besser steht. Die Analyse gibt für die Verbesserung der Flugsicherheit sehr eindeutige Ziele, die in der Schaffung weitgehend betriebssicherer Motore und in dem Ausbau der Flugsicherung liegen, wobei letztere sowohl den Unfallursachen infolge Wetter wie denjenigen infolge Bedienungsfehler, die allein fast 50% der Unfallursachen ausmachen, steuern kann.

Vor allem der Ausbau der Flugsicherung bedarf einer dringend notwendigen Förderung in organisatorischer und technischer Hinsicht. Dabei wird es vor allem



Tabelle 3. **Unfallstatistik des planmäßigen Luftverkehrs in den Jahren 1929 und 1930.**

| Verkehrsnetz | Zeitraum | Zahl der beförderten Personen | Mittlere Beförderungsweite | Zahl der Perskm 1000 km | Zahl der geflogenen km 1000 km | Zahl der getöteten Fluggäste | verletzt. Fluggäste | Auf 1 000 000 Perskm entfallen Tote | Verletzte | Auf 1 000 000 Flug-km entfallen Tote | Verletzte | Ein Toter auf beförderte Personen | Ein Verletzter auf beförderte Personen | Durchschnittl. Besetzung des Flugzeugs Personen |
|---|---|---|---|---|---|---|---|---|---|---|---|---|---|---|
| 1 | 2 | 3 | 4 | 5 | 6 | 7 | 8 | 9 | 10 | 11 | 12 | 13 | 14 | 15 |
| Deutschland | 1929 | 87019 | 270 | 23489 | 9088 | 7 | 7 | 0,298 | 0,298 | 0,77 | 0,77 | 12431 | 12431 | 2,58 |
| Deutsche Luft Hansa | 1930 | 55584 | 272 | 15123 | 9131 | 10 | 4 | 0,660 | 0,264 | 1,09 | 0,44 | 5558 | 13896 | 1,66 |
| Vereinigte Staaten | 1929 | 165263 | 467 | 76800 | 25600 | 18 | 26 | 0,230 | 0,338 | 0,70 | 1,01 | 9200 | 6360 | 3,00 |
| v. Amerika gesamt | 1930 | 417505 | 400 | 166600 | 59400 | 24 | 25 | 0,144 | 0,151 | 0,40 | 0,42 | 17400 | 16700 | 2,80 |
| Frankreich gesamt | 1929 | 25256 | 493 | 12461 | 9435 | 10 | 8 | 0,804 | 0,642 | 1,06 | 0,85 | 2526 | 3160 | 1,32 |
| Großbritannien | 1929 | 29312 | 391 | 11460 | 2230 | 11 | 4 | 1,040 | 0,350 | 4,95 | 1,79 | 2660 | 7330 | 5,14 |
| Imperial Airways | 1930 | 30432 | 322 | 9830 | 2080 | 4 | 2 | 0,410 | 0,200 | 1,92 | 0,96 | 7600 | 15200 | 4,72 |
| Schweiz gesamt | 1929 | 6743 | 182 | 1222 | 295 | — | — | — | — | — | — | ∞ | ∞ | 4,15 |
|  | 1930 | 8300 | 130 | 1073 | 666 | — | 1 | — | 0,930 | — | 1,50 | ∞ | 8300 | 1,61 |
| Italien gesamt | 1930 | 38361 | 340 | 13036 | 4439 | 7 | 3 | 0,537 | 0,230 | 1,58 | 0,68 | 5480 | 12767 | 2,94 |

Tabelle 4. **Unfallursachen in der Zivilluftfahrt im Jahre 1930.**

| Verkehrsnetz | Ursachen in % | | | | | |
|---|---|---|---|---|---|---|
| | Be-dienungs-fehler | Material-fehler | Motor-schäden | Wetter | Flugplatz | Sonstiges |
| 1 | 2 | 3 | 4 | 5 | 6 | 7 |
| Vereinigte Staaten von Amerika . | 54,0 | 10,4 | 17,1 | 6,0 | 9,4 | 3,1 |
| Europa . . . . . . . . . . . . | 48,7 | 6,1 | 23,0 | 13,7 | 4,5 | 4,0 |

in organisatorischer Hinsicht von besonderer Bedeutung für die Sicherheit im Luftverkehr sein, wenn Großunternehmungen an ihrem Ausbau interessiert sind und die Einheit der technischen Sicherungsmaßnahmen im Fernluftverkehr im eigenen Interesse vorwärts treiben. Die Einheit der Flugsicherung, der technischen Einrichtungen und der sicherungstechnischen Maßnahmen, sowie ein in der Auswertung ihrer Wirksamkeit ständiger Erfahrungsaustausch ist vor allem für Europa und seinen Luftverkehr eine lebensnotwendige Forderung. Sprachliche Unterschiede und die große Zahl der nationalen Luftverkehrgesellschaften machen ihre Erfüllung allerdings besonders schwierig. Es ist festzustellen, daß auch hier neuerdings sehr wertvolle Gemeinschafts-arbeit geleistet wird, die den Einheitsgedanken zu verwirklichen sucht unter Ausschaltung jeg-licher politischer Gesichtspunkte. Wir sehen in dem Beispiel der Vereinigten Staaten von Amerika, wie wirkungsvoll gerade auf diesem Gebiet einheitliches Vorgehen im möglichst weit gespannten Luftraum sein kann. Innerhalb von drei Jahren wurde dort ein Flugsicherungsdienst ausgebaut, der zu den besten Erfolgen geführt hat und vor allem in seiner Normalisierung die Anwendung aller Maßnahmen durch die das Flugzeug führenden Menschen erleichtert.

Ganz allgemein erscheint es zwar richtig, daß diese Sicherungseinrichtungen zunächst den Bedürfnissen des planmäßigen Luftverkehrs und seinem gut ausgebildeten Personal entsprechen, aber es sollte schon frühzeitig dabei auch der Endzweck leitend sein, die Sicherungsmittel so herzu-stellen, daß sie auch ohne weiteres dem späteren Privatluftverkehr dienen können. Es läßt sich naturgemäß noch nicht übersehen, wie weit das technisch und organisatorisch möglich sein wird. Es ist vor allem noch nicht zu erkennen, ob endgültig eine Luftsicherung notwendig ist, die ähnlich kompliziert ist wie die Eisenbahnsicherung, so daß sie nur von hochwertigem, geschultem Personal verstanden und vorgenommen werden kann, oder ob eine Sicherung im Luftverkehr sich entwickelt, die, wie beim Kraftwagen, auch für eine weniger geschulte Fahrzeugführung brauchbar und aus-reichend ist. Zu diesem sehr wichtigen Gebiet der Flugsicherung werden eingehende Untersuchun-gen des nächsten Heftes des Instituts auf Grund der Systeme in Europa und in den Vereinigten Staaten von Amerika gebracht werden.

### 3. Leistungsfähigkeit.

Ein wichtiges Kriterium für die Rolle, die der Luftverkehr im Verkehrsleben der Völker im Dienste ihrer Wirtschaft übernommen hat und übernehmen kann, ist seine Netzgestaltung und der Umfang der Betriebs- und Verkehrsleistungen in Gestalt der Flug-km, der beförderten Personen, Post und Fracht, sowie der Personen-km, Post-tkm und Fracht-tkm. Es wird im Abschnitt ,,Wirt-schaftlichkeit'' untersucht werden, wie weit vor allem die Betriebs- und Verkehrsleistungen be-dingt sind durch niedrige Tarife, die heute noch erheblich unter den Selbstkosten liegen. Hier soll vor allem die Tendenz der Entwicklung der Leistungsfähigkeit aus den Tatsachen des bisherigen Luftverkehrs untersucht werden.

Aus Tabelle 5 ist im Vergleich mit einer ähnlichen Tabelle 8 im Anhang des Heftes 3 der ,,For-schungsergebnisse'' zu erkennen, daß im allgemeinen die Leistungen im Personenverkehr in Europa ab- und in den Vereinigten Staaten von Amerika, hier zum Teil infolge sehr starker Tarifsenkungen, zugenommen haben, daß dagegen der Postverkehr und Frachtverkehr durchweg eine mehr oder weniger große Steigerung aufweisen. Immerhin ist ganz allgemein eine Dämpfung in der Steigerung der Verkehrszunahme für das Jahr 1930 festzustellen, die zum großen Teil zusammenhängt mit der Depression in der Weltwirtschaft. Aus der Tatsache, daß vor allem im Post- und Frachtluft-verkehr keine wesentliche Abnahme, sondern vorwiegend eine Zunahme zu verzeichnen ist trotz der

Tabelle 5. **Liniennetz, Betriebs- und Verkehrsleistungen im Luftverkehr im Jahre 1930.**

| Verkehrsnetz | Netzgröße | Flug-km | Regel-mäßigkeit | Verkehrsmengen | | | Verkehrsleistungen | | | Mittlere Beförderungsweite | | |
|---|---|---|---|---|---|---|---|---|---|---|---|---|
| | | | | Personen | Post | Fracht und Gepäck | Personen | Post | Fracht und Gepäck | Personen | Post | Fracht und Gepäck |
| | km | 1000 km | % | | t | t | 1000 Perskm | 1000 tkm | 1000 tkm | km | km | km |
| 1 | 2 | 3 | 4 | 5 | 6 | 7 | 8 | 9 | 10 | 11 | 12 | 13 |
| **I. Im kontinentalen Luftverkehr.** | | | | | | | | | | | | |
| Europa: | | | | | | | | | | | | |
| Deutschland | 27788 | 10863 | 92,0 | 71834 | 481,0 | 1418,0 | 18363 | 190,0 | 568,9 | 254 | 395 | 400 |
| Belgien | 2237 | 1144 | — | 9445 | 38,1 | 253,9 | 2250 | 15,3 | — | 238 | 402 | — |
| Dänemark | 1158 | 189 | 98,0 | 2071 | 6,7 | 40,8 | 536 | 2,4 | 13,3 | 259 | 358 | 327 |
| England | 1762 | 1230 | 92,0 | 22755 | 68,2 | 706,6 | 8213 | 30,0 | 256,8 | 362 | 440 | 364 |
| Finnland | 1445 | 225 | 98,6 | 2843 | 21,6 | 38,6 | 587 | 8,8 | 7,9 | 206 | 407 | 206 |
| Frankreich | 11551 | 4946 | — | 25152 | 80,9 | 1607,6 | 10908 | 51,8 | 856,8 | 435 | 640 | 533 |
| Italien | 11300 | 4439 | 92,2 | 27556 | 28,9 | 79,2 | 9039 | 10,2 | 34,9 | 328 | 353 | 440 |
| Jugoslawien | 1860 | 432 | 99,0 | 3184 | 2,8 | 25,0 | — | — | — | — | — | — |
| Niederlande | 3561 | 1196 | 97,0 | 10152 | 64,1 | 683,0 | 4260 | 24,2 | 275,0 | 420 | 377 | 256 |
| Österreich | 3130 | 5560 | — | 7869 | 17,7 | 191,9 | 1825 | 19,5 | — | 235 | 110 | — |
| Polen | 3168 | 1302 | 94,9 | 11882 | 74,5 | 271,3 | 3250 | 20,9 | 68,3 | 274 | 346 | 252 |
| Rumänien | 411 | 77 | 94,5 | 665 | 0,06 | 1,7 | — | — | — | — | — | — |
| Schweden | 1912 | 292 | 97,3 | 2566 | 46,0 | 74,5 | 1208 | 28,5 | 40,9 | 470 | 620 | 548 |
| Schweiz | 4349 | 666 | 96,8 | 8299 | 79,8 | 151,4 | — | — | — | — | — | — |
| Spanien | 875 | 592 | — | 5959 | 0,2 | 65,6 | — | — | — | — | — | — |
| Tschechoslowakei | 2075 | 506 | — | 8976 | — | 164,0 | — | — | — | — | — | — |
| Ungarn | 480 | 199 | 97,0 | 3742 | 4,1 | 81,5 | 761 | — | — | 203 | — | — |
| Summe | 79062 | 33858 | — | 224950 | 1015 | 3853 | | | | | | |
| Asien: | | | | | | | | | | | | |
| Persien | 3260 | 700 | — | 5000 | 30,0 | 220,0 | — | — | — | — | — | — |
| Niederl. Indien | 2580 | 751 | 100 | 12396 | 9,4 | 119,9 | 3550 | 6,6 | — | 287 | 700 | — |
| Amerika: | | | | | | | | | | | | |
| Ver. Staaten von Amerika | 48206 | 52552 | 94,0 | 385366 | 3522,0 | 4450,0 | 136155 | — | — | 365[1] | 1110[2] | — |
| Kanada | 10040 | 7001 | 93,0 | 55961 | 213,6 | 2136,6 | 1580 | — | — | 282 | — | — |
| Bolivien | 3010 | 223 | — | 3715 | 4,3 | 65,9 | — | 166,0 | — | — | 386 | — |
| Kolumbien | 5000 | 1189 | — | 5083 | 41,2 | — | — | — | — | — | — | — |
| Summe | 72116 | 62416 | — | 435866 | 3660 | 6992 | | | | | | |
| **II. Im transkontinentalen und transatlantischen Luftverkehr.** | | | | | | | | | | | | |
| England | 7633 | 838 | 98,3 | 711 | 49,8 | 21,2 | 1449 | 264,3 | 64,1 | 2040 | 5300 | 3020 |
| Frankreich | 23417 | 4449 | 86,0 | 3788 | 118,9 | 57,9 | 4065 | 333,7 | 64,5 | 1045 | 2800 | 1110 |
| Rußland | 27180 | 3962 | 96,0 | 11249 | 116,6 | 134,3 | 7336 | 86,9 | 84,3 | 650 | 745 | 630 |
| Ver. Staaten von Amerika (Pan American) | 29781 | 6848 | — | 32139 | 238,0 | 48,0 | 29823 | — | — | 930 | — | — |
| Summe | 88011 | 16097 | — | 47887 | 523 | 261 | | | | | | |

[1]) Die in Tabelle 3, Spalte 4, angegebene mittlere Beförderungsweite bezieht sich auf kontinentalen und transkontinentalen Luftverkehr in den Vereinigten Staaten von Amerika.
[2]) Die Beförderungsweite bezieht sich auf kontinentalen und transkontinentalen Luftverkehr.

rückläufigen Konjunktur, kann eine günstige Weiterentwicklung abgeleitet werden. Denn während der Verkehrsumfang in fast allen Ländern bei den Eisenbahnen und Kraftwagen im Jahre 1930 um 15 bis 30% abgenommen hat, ist der Luftverkehr weniger von den wirtschaftlichen Erscheinungen nachteilig beeinflußt worden. Doch wird daraus noch kein allgemein gültiges Gesetz abgeleitet werden können, da die mitwirkenden Faktoren bei der Neuheit des Luftverkehrs noch nicht genügend übersehbar sind.

In Tabelle 5 ist zum erstenmal der Versuch gemacht worden, den kontinentalen Luftverkehr von dem transkontinentalen und transatlantischen Verkehr zu trennen und zahlenmäßig zu erfassen, um ihre Anziehungskraft auf die verschiedenen Verkehrsarten zu analysieren. Der Luftverkehr in den Vereinigten Staaten von Amerika ist dabei zum kontinentalen Verkehr gerechnet worden, trotzdem er zweifellos in seinen Transportweiten zum großen Teil den Charakter des transkontinentalen Verkehrs hat. Es ist nun sehr lehrreich, wie groß bereits der Verkehrsanfall im transkontinentalen und transatlantischen Luftverkehr ist, trotzdem die Verkehrsgelegenheiten nicht häufig sind und auch die Regelmäßigkeit noch sehr zu wünschen übrig läßt. An den hohen Verkehrszahlen des nordamerikanischen Luftverkehrs mit seiner täglich gebotenen Nutzung des Luftwegs und seiner großen Regelmäßigkeit läßt sich beurteilen, eine wie starke Anregung der Luftverkehr auf großen transkontinentalen und transozeanen Raumweiten bietet, wenn die Leistungsfähigkeit der Luftlinien sich dem Verkehrsbedürfnis anzupassen vermag. Die mittlere Beförderungsweite hat in Europa, das sich auf große Transportweiten zunehmend umstellt, durchweg zugenommen, während sie in Amerika, das sein großes Kontinentalnetz durch neue Linien verdichtet hat, etwas abgenommen hat. Immerhin sind durchschnittlich die mittleren Transportweiten in Amerika erheblich größer als in Europa. Im Postverkehr sind die mittleren Transportweiten am größten, ein Beweis, wie sehr er große Entfernungen und die damit gebotene hohe Beförderungsgeschwindigkeit bevorzugt.

Die Ausnutzung der Flugzeuge durch zahlende Nutzlast hat sich auf bisheriger Höhe gehalten und schwankt zwischen 33 und 50% der Nutzladefähigkeit.

Es würde die Erkenntnisse über den Verkehrsumfang und die Verkehrsmotive im Luftverkehr erheblich fördern, wenn für die Luftverkehrsnetze Streckenbelastungskarten aufgestellt werden könnten, aus denen die jährlichen Verkehrsleistungen der Strecken im Personen-, Post- und Frachtverkehr ersichtlich sind. Die Statistiken der meisten Länder reichen aber für diese Zwecke nicht aus, vor allem geben sie wenig Aufschluß über die von mehreren Gesellschaften beflogenen Strecken. Es war deshalb nicht möglich, in ähnlicher Form, wie es in Abhandlung 2 für den Luftverkehr der Vereinigten Staaten von Amerika geschehen konnte, eine Streckenbelastungskarte für Europa aufzustellen. Lediglich die ausgezeichnete Luftverkehrsstatistik des Italienischen Luftfahrt-Ministeriums bot die Möglichkeit, für den italienischen Luftverkehr eine Streckenbelastungskarte nach Abb. 2 aufzustellen. Sie zeigt in außerordentlich klarer und interessanter Weise, wie die Stärke der Verkehrsströme im Luftverkehr bestimmt wird von der Reisegeschwindigkeit der Erdverkehrsmittel und den wirtschaftlichen Kräften der durch den Luftweg verbundenen Städte und Gebiete. Von dem wirtschaftlich hoch entwickelten Norditalien gehen die stärksten Verkehrsströme nach der Hauptstadt Italiens. Zwischen dem Festland und den westlich gelegenen Inseln Sizilien und Sardinien bestehen bereits starke Luftverkehrsbeziehungen, die dem Ausbau des Landesnetzes zum Kontinentalnetz entsprechen und im Verhältnis zu dem Personenverkehr zur See bereits eine starke Luftverkehrsdecke geschaffen haben. Der italienische Luftverkehr ist in der Struktur seiner Streckenbelastung ein Schulbeispiel für die Anziehungskraft von Überseestrecken und der verhältnismäßig großen Passivität des Verkehrsbedürfnisses für Luftverkehrsverbindungen des Landes über verkehrlich gut erschlossenen Gebieten. Bei den geringen Verkehrsspannungen im südlichen Teil des Adriatischen Meeres ist das Bedürfnis zur Einrichtung von Luftverkehrslinien offenbar noch gering geblieben.

In gleicher Weise wie die Streckenbelastungskarten sind für die betrieblichen Maßnahmen der Luftverkehrsunternehmungen die Untersuchungen über Verkehrsschwankungen im Luftverkehr nach Art und Umfang der Verkehrsarten von besonderer Bedeutung. Das ebenfalls aus den Zahlen der italienischen Statistik gewonnene Schaubild Abb. 3 über die Monatsschwankungen

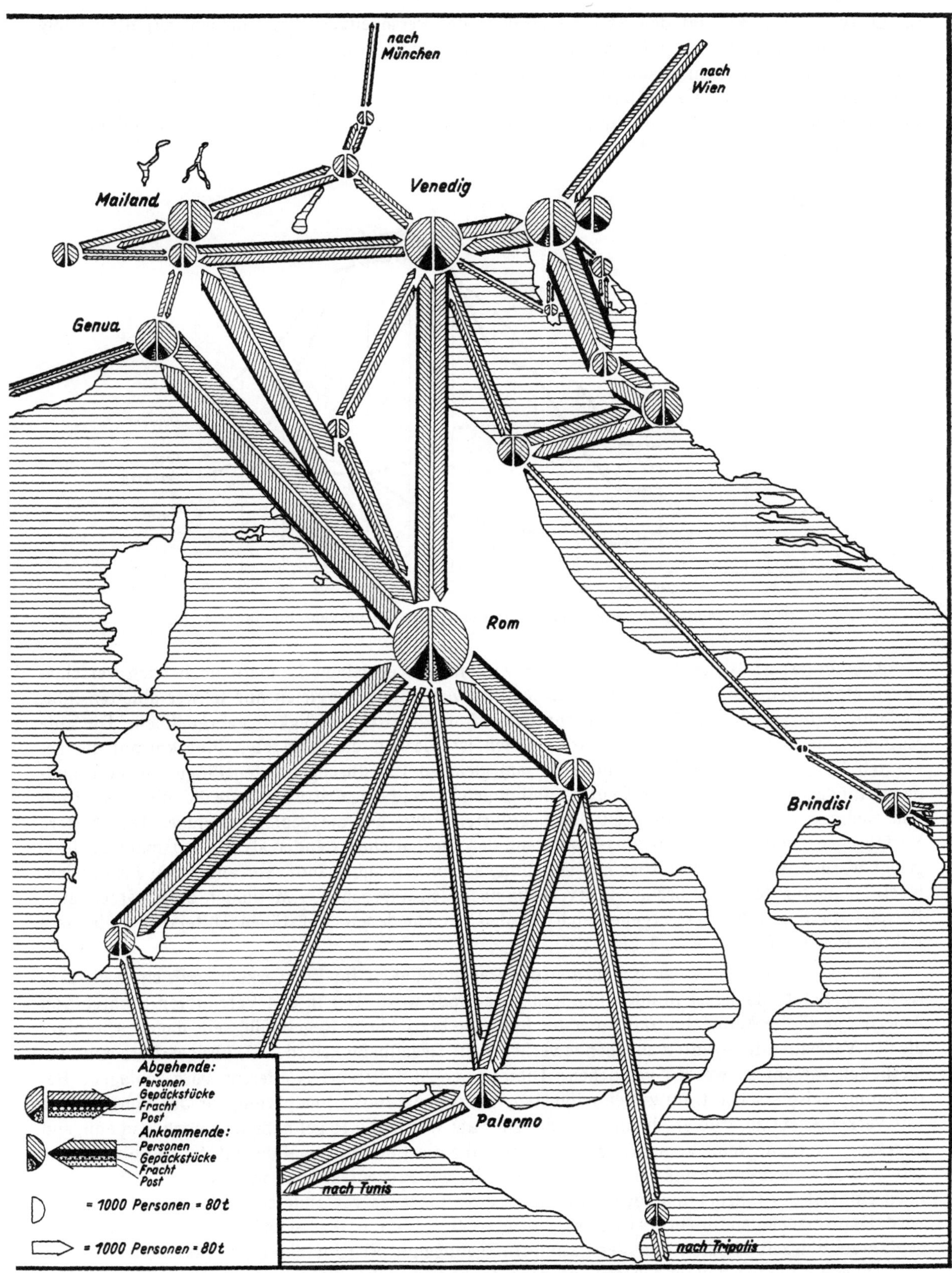


Abb. 2. Streckenbelastung im italienischen Luftverkehr im Jahre 1930.

im Luftverkehr 1930 zeigt den Saison-Charakter des Personenverkehrs und den verhältnismäßig gleichmäßig sich über das Jahr verteilenden Fracht- und Postverkehr, wobei bei letzterem der starke Weihnachtsverkehr besonders in Erscheinung tritt. Die Kurve des Personenverkehrs gibt unter anderem eine gewisse Erklärung für die Unwirtschaftlichkeit des Personenluftverkehrs, der in seinen starken Verkehrsspitzen und Verkehrsnachlässen eine sehr ungünstige Ausnutzung des Flugzeugparks mit sich bringt.

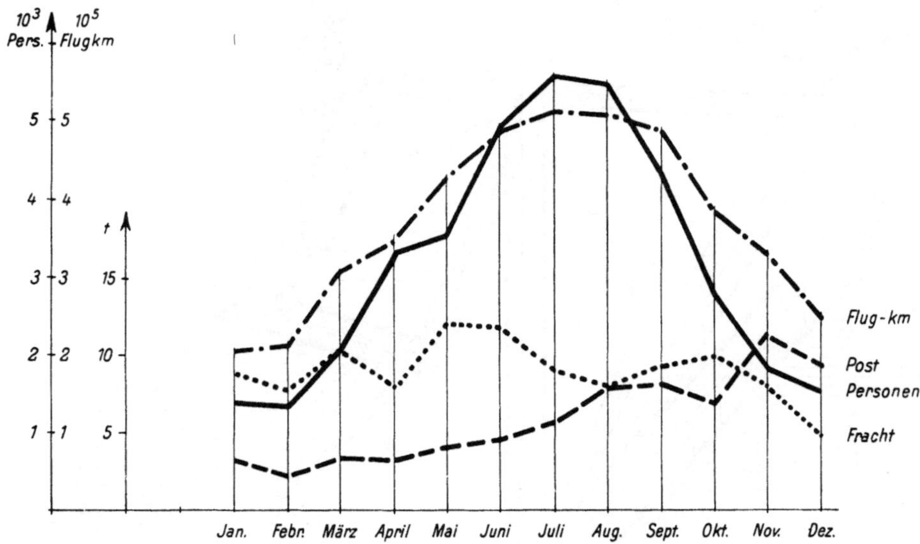


Abb. 3. Monatsschwankungen im italienischen Luftverkehr im Jahre 1930.

Die Regelmäßigkeit im Luftverkehr wird in den einzelnen Ländern noch nach verschiedenen Maßstäben festgestellt, so daß sich aus den Zahlen ein Vergleich nur schwer ableiten läßt. Es sind heute verschiedene Methoden zur Ermittlung der Regelmäßigkeit gebräuchlich. Die eine Methode, die in den Vereinigten Staaten üblich ist, bezieht die geleisteten Flug-km auf die geplanten Flug-km, eine zweite Methode die am gleichen Tag durchgeführten Flüge auf die begonnenen Flüge, ein Maßstab, der in Deutschland üblich ist, und eine dritte Methode die mit Verspätung von weniger als 100% der Flugzeit durchgeführten Flüge auf die geplanten Flüge. Das letztere Verfahren ist von der 23. Luftfahrt-Konferenz der europäischen Länder als Einheitsmaßstab festgelegt worden, wird jedoch bisher nur von einigen Ländern angewandt, vor allem von Frankreich. Nach einem für den italienischen Luftverkehr nach den angegebenen Methoden durchgerechneten Beispiel für das Jahr 1930 ergeben sich bei den verschiedenen Maßstäben Unterschiede in dem Faktor Regelmäßigkeit von 3 bis 12%.

Es liegt im Interesse der Bedeutung der Regelmäßigkeit im Luftverkehr, daß ein einheitlicher Maßstab möglichst in allen Ländern angewandt wird. Der in den Vereinigten Staaten von Amerika gewählte Maßstab erfaßt in erster Linie die betriebliche Regelmäßigkeit, dagegen weniger die den Verkehrsinteressenten angehende verkehrliche Regelmäßigkeit, der die übrigen Berechnungsmethoden gerecht zu werden versuchen. Die auf der 23. Luftfahrt-Konferenz vorgeschlagene Berechnungsweise erscheint am zweckmäßigsten, wenn auch 100% Verspätung für das kontinentale Luftverkehrsnetz zu groß erscheint. Mit diesem Satz würde die Regelmäßigkeit noch als genügend angesehen werden, wenn Verspätungen eintreten, die die Flugzeit ungefähr auf die Eisenbahnfahrzeit zwischen mehreren Punkten drücken. Es sollte ein Prozentsatz gewählt werden, in dem auch noch ein Teil des fahrplänmäßigen Vorsprungs des Flugzeugs vor anderen Verkehrsmitteln erfaßt wird. Dann erscheinen für europäische Verhältnisse 50%, für amerikanische Verhältnisse 25% der geplanten Flugzeit als zulässige Verspätung für genügende Regelmäßigkeit zweckmäßig.

Tabelle 6 veranschaulicht die Flugliniendichte im Jahre 1930. Als Fluglinienlänge ist hier die tatsächliche Netzlänge des Luftliniennetzes zu verstehen und eingesetzt, nicht etwa wie es vielfach noch üblich ist, die Summe der Kursstrecken. So wird beispielsweise heute die Strecke Berlin—Halle, die durch vier verschiedene Kurse am Tag beflogen wird, auch viermal gezählt, mit der Streckenlänge Berlin—Halle viermal multipliziert, um die Fluglinienlänge zu erhalten. Diese Art der Bemessung der Linienlänge eines Verkehrsmittels gibt keine zuverlässige Vergleichsgrundlage, sondern es darf die Streckenlänge der einzelnen Verbindungen nur einmal gezählt werden, wie es auch bei der Netzlänge anderer Verkehrsmittel üblich und richtig ist. Auch auf diesem Gebiet erscheint ein gleichmäßiges Vorgehen für Europa notwendig. Die Vereinigten Staaten von Amerika haben bereits von vornherein die reine Streckenzählung ihrer Netzberechnung zugrunde gelegt.

Tabelle 6. **Flugliniendichte im Jahre 1930.**

| Land | Fluglinien km | km/1000 km² km | km/100 000 Einwohner km |
|---|---|---|---|
| 1 | 2 | 3 | 4 |
| Albanien . . . . . . . . . . . | 479 | 17,8 | 47,0 |
| Belgien . . . . . . . . . . . | 797 | 26,2 | 10,1 |
| Bulgarien . . . . . . . . . . | 330 | 3,2 | 6,1 |
| Dänemark . . . . . . . . . . | 294 | 7,9 | 9,6 |
| Deutschland . . . . . . . . | 21 300 | 45,0 | 33,8 |
| Estland . . . . . . . . . . | 369 | 8,1 | 3,4 |
| Finnland . . . . . . . . . . | 458 | 1,2 | 13,6 |
| Frankreich . . . . . . . . . | 6 300 | 11,5 | 15,5 |
| Griechenland . . . . . . . . | 2 872 | 22,1 | 46,4 |
| Großbritannien . . . . . . . | 858 | 2,9 | 1,9 |
| Italien . . . . . . . . . . . | 6 763 | 21,9 | 17,5 |
| Lettland . . . . . . . . . . | 454 | 6,9 | 23,9 |
| Litauen . . . . . . . . . . . | 267 | 5,0 | 13,3 |
| Niederlande . . . . . . . . . | 1 332 | 33,4 | 16,5 |
| Norwegen . . . . . . . . . . | 267 | 5,0 | 13,3 |
| Österreich . . . . . . . . . | 1 538 | 18,5 | 23,7 |
| Polen . . . . . . . . . . . . | 1 858 | 4,8 | 6,8 |
| Rumänien . . . . . . . . . . | 1 048 | 3,6 | 6,1 |
| Rußland (europ.) . . . . . . | 5 213 | 1,3 | 6,5 |
| Schweden . . . . . . . . . . | 1 188 | 2,6 | 2,0 |
| Schweiz . . . . . . . . . . . | 1 233 | 30,0 | 3,2 |
| Spanien . . . . . . . . . . . | 2 492 | 4,9 | 11,8 |
| Südslawien . . . . . . . . . | 1 758 | 7,1 | 14,3 |
| Tschechoslowakei . . . . . . | 1 697 | 12,1 | 12,5 |
| Ungarn . . . . . . . . . . . | 705 | 7,7 | 9,0 |
| Europa . . . . . . . . . . . | 61 870 | 6,1 | 13,2 |
| Vereinigte Staaten von Amerika | 47 115 | 6,0 | 44,6 |
| Kanada . . . . . . . . . . . | 11 000 | 1,14 | 126 |
| Mexiko . . . . . . . . . . . | 6 460 | 3,3 | 143 |
| Nordamerika . . . . . . . . | 64 575 | 3,07 | 50 |
| Südamerika . . . . . . . . . | 35 000 | 1,9 | 52,5 |
| Australien . . . . . . . . . | 12 000 | 1,56 | 222 |

Während im Vergleich mit früheren Jahren nach Tabelle 10 im Heft 3 der „Forschungsergebnisse" in Europa ein gewisser Beharrungszustand in der Netzlänge eingetreten ist, ist in den übrigen Erdteilen eine Zunahme von 50% bis 100% festzustellen. Demgegenüber ist die Betriebsbelastung in Form der Flug-km auf 1 km Netzlänge nach Tabelle 7 in den letzten Jahren bei den meisten Gesellschaften gesunken oder nur unwesentlich gestiegen, so daß im allgemeinen die Betriebsleistungen mit der Vergrößerung des Luftliniennetzes nicht Schritt gehalten haben. Das ist zweifellos eine Folge der wirtschaftlichen Depression in allen Ländern, dann aber auch eine Auswirkung des zunehmenden Einsatzes größerer Flugzeuge.

Über die durchschnittliche Verkehrsdichte im planmäßigen kontinentalen und transkontinentalen Luftverkehr 1930, wie sie hier zum erstenmal nach Personen-km und Tonnen-km auf Grund genauer Zahlen für verschiedene Länder ermittelt werden konnte, gibt Abb. 4 für den Post-, Fracht- und Personenverkehr einen Aufschluß. Wenn auch hier ein Vergleich mit früheren Jahren, in denen nur die Mengen der beförderten Personen und Tonnen festzustellen waren, nicht

Tabelle 7. **Durchschnittliche Betriebsbelastung der Fluglinien im Jahre 1929 und 1930.**

| Land | Gesellschaft | Jahr | Netzgröße km | Flug-km 1000 km | Flug-km / Netzgröße |
|---|---|---|---|---|---|
| 1 | 2 | 3 | 4 | 5 | 6 |
| **I. Europa** | | | | | |
| Deutschland | D.L.H. | 1929 | 21 000 | 9 088 | 433 |
| | | 1930 | 22 159 | 9 130 | 413 |
| | Deutsch. Verkehrsflug | 1929 | 1 527 | 555 | 360 |
| | | 1930 | 2 846 | ? | ? |
| | Deruluft | 1929 | 2 646 | 811 | 308 |
| | | 1930 | 2 794 | 928 | 332 |
| Belgien | Sabena | 1929 | 1 091 | 570 | 521 |
| | | 1930 | 2 237 | 1 144 | 515 |
| Dänemark | Det Danske Luftfart | 1929 | 850 | 154 | 181 |
| | | 1930 | 1 158 | 189 | 164 |
| England | Imperial Airways Europa | 1929 | 1 762 | 1 250 | 710 |
| | | 1930 | 1 762 | 1 230 | 700 |
| | Imperial Airways Indien-strecke | 1929 | 7 210 | 640 | 89 |
| | | 1930 | 7 633 | 838 | 110 |
| Finnland | Aero O/Y. | 1929 | 764 | 223 | 292 |
| | | 1930 | 805 | 222 | 277 |
| Frankreich | Aéropostale | 1929 | 18 543 | 3 509 | 188 |
| | | 1930 | 18 543 | 3 555 | 192 |
| | Air Union | 1929 | 2 025 | 1 838 | 910 |
| | | 1930 | 2 511 | 2 129 | 850 |
| | Cidna | 1929 | 4 119 | 2 669 | 648 |
| | | 1930 | 4 854 | 2 174 | 450 |
| | Farman | 1929 | 3 005 | 1 094 | 360 |
| | | 1930 | 6 630 | 9 986 | 150 |
| Italien | Sana | 1929 | 2 425 | 919 | 389 |
| | | 1930 | 3 475 | 1 269 | 366 |
| | Sisa | 1929 | 1 159 | 463 | 400 |
| | | 1930 | 1 935 | 594 | 306 |
| | Transadriatica | 1929 | 1 180 | 627 | 640 |
| | | 1930 | 2 450 | 914 | 373 |
| Niederlande | K.L.M. (Europa) | 1929 | 3 000 | 2 401 | 800 |
| | | 1930 | 3 561 | 1 196 | 395 |
| Österreich | Ölag | 1929 | 3 092 | 678 | 220 |
| | | 1930 | 3 130 | 556 | 178 |
| Schweden | A. B. Aerotransport | 1929 | 1 135 | 204 | 180 |
| | | 1930 | 1 912 | 292 | 153 |
| Schweiz | Ad Astra | 1929 | 1 504 | 372 | 247 |
| | | 1930 | 1 929 | 365 | 189 |
| | Balair | 1929 | 2 034 | 295 | 145 |
| | | 1930 | 2 420 | 302 | 125 |
| Ungarn | Ungar. Luftverkehrsges. | 1929 | 480 | 128 | 265 |
| | | 1930 | 480 | 199 | 415 |
| **II. Nordamerika** | | | | | |
| Vereinigte Staaten von Amerika | Boeing | 1929 | 3 110 | 4 015 | 1 290 |
| | | 1930 | 3 110 | 4 580 | 1 470 |
| | N.A.T. | 1929 | 2 845 | 3 830 | 1 345 |
| | | 1930 | 3 540 | 4 850 | 1 370 |
| | American Airways | 1929 | 2 371 | 1 710 | 722 |
| | | 1930 | 10 208 | 11 200 | 1 090 |
| | Pan American | 1929 | 23 200 | 2 850 | 123 |
| | | 1930 | 29 781 | 6 840 | 230 |

möglich ist, so ist doch der gewaltige Vorsprung zu erkennen, den die Vereinigten Staaten von Amerika in der Verkehrsdichte auf 1 km Streckenlänge im Personen- und Postverkehr gewonnen haben, während sie im Frachtverkehr noch erheblich zurückstehen. Nur England nimmt eine Sonderstellung ein, da es bei seinem kleinen, über Wasserflächen laufenden und Städte größten Verkehrsbedürfnisses verbindenden kontinentalen Luftverkehrsnetz eine besonders hohe Verkehrs-dichte im Personen- und Fracht-verkehr erreichen kann. Nach England hat Holland den höchsten spezifischen Frachtverkehr, der vor allem durch die umfassenden Blumentransporte auf dem Luftweg sich stark entwickeln konnte. Hier hat das Flugzeug einen völlig neuen Verkehr mobilisiert. Die großen Entfernungen Amerikas haben den Vorzug der hohen Reisegeschwindigkeiten im Luftverkehr zu einem starken Anreiz für den Post- und Personenluftverkehr werden lassen mit zwei- bis dreimal größerer Verkehrsdichte als in europäischen Ländern außer England. Im transkontinentalen

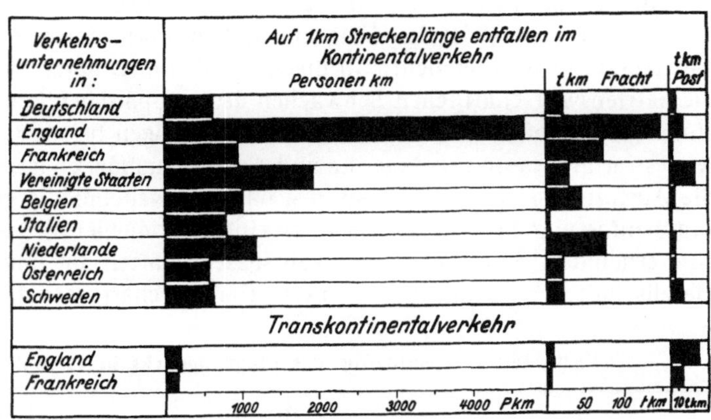


Abb. 4. Durchschnittliche Verkehrsdichte im planmäßigen Luftverkehr im Jahre 1930.

Luftverkehr dominiert begreiflicherweise der Postverkehr. Es wird für die zukünftigen verkehrswirtschaftlichen Untersuchungen und Erscheinungen von besonderem Wert sein, an diesem Maßstab der Verkehrsdichte die Weiterentwicklung des Luftverkehrs der verschiedenen Länder zu verfolgen, denn die Personen-km- und Tonnen-km-Leistungen bilden den einwandfreisten Maßstab, der diesen so wichtigen Vergleich ermöglicht.

Für die richtige Beurteilung der Leistungen im Personenluftverkehr der verschiedenen Länder erscheint, ganz unabhängig von dem Zeitgewinn bei der Luftbeförderung, noch ein Punkt besonders wichtig, und zwar die Spanne zwischen den Flugpreisen und den höchsten Eisenbahnfahrpreisen sowie vor allem die Zahl der bisher auf Eisenbahnen beförderten Reisenden 1. Klasse. Die Spanne zwischen den Flugpreisen und den Fahrpreisen der Eisenbahnen ist heute verhältnismäßig gering, weil die Flugpreise in der Entwicklungszeit des Luftverkehrs mit Hilfe der Subventionen niedrig gehalten werden können. Das Verkehrsvolumen im Personenluftverkehr wird daher heute um so größer sein können, je größer in einem Land absolut und verhältnismäßig die Zahl der Reisenden 1. Klasse auf Eisenbahnen ist. In den Vereinigten Staaten von Amerika, England und Deutschland liegen die Tarife für 1. Klasse auf nahezu gleicher Höhe von 12 bis 14 Pfennig für das Personen-km. Dagegen ist die Zahl der jährlich die 1. Klasse benutzenden Reisenden außerordentlich unterschiedlich. So entfallen auf:

| | Zahl der Reisenden 1. Klasse | Anteil in %/o an den insgesamt auf Eisenbahnen beförderten Personen |
|---|---|---|
| Deutschland . . . . . . . . . . . . . | 0,61 Millionen | 0,04 |
| England . . . . . . . . . . . . . | 66,71 ,, | 5,4 |
| Vereinigte Staaten von Amerika . . . | 33,43 ,, | 4,25 |

Gewiß erklären sich diese großen Unterschiede in der Benutzung der 1. Klasse zum Teil aus dem Fehlen der 2. Klasse in den Vereinigten Staaten von Amerika und England, in letzterem vor allem für große Entfernungen. Sie werden aber zweifellos auch bestimmt durch den Wohlstand in den angelsächsischen Ländern. Für den Personenluftverkehr bedeuten diese Zahlen aber eine verhältnismäßig starke Verkehrsdecke in den Vereinigten Staaten von Amerika und England, aus der in erster Linie die Benutzer des Luftwegs hervorgehen werden, und eine sehr dünne Decke in Deutschland. Es ist eine natürliche Entwicklung, wenn dieser Tatsache die Leistungen im Personenluftverkehr der drei Länder entsprechen und jedes Land in der Tarifgestaltung auf sie Rücksicht nehmen muß.

Vom betriebswirtschaftlichen Standpunkt gesehen ist es nun von besonderem Interesse, wie die Ausnutzung der beweglichen und in weiterer Folge der festen technischen Anlagen in Gestalt der Flugzeuge bzw. der Flughäfen durch die verschiedenen Luftverkehrsgesellschaften gelagert ist.

In Tabelle 8 ist die Ausnutzung des Flugzeugparks in Gestalt der je Flugzeug täglich durchschnittlich geleisteten Flug-km und in Form der auf einen Tag und Flugzeug entfallenden Betriebsstunden untersucht. In diesen Zahlen offenbaren sich, wie aus der Tabelle zu ersehen ist, die betriebswirtschaftlichen Schwächen des europäischen kontinentalen Luftliniennetzes, das in der Enge des europäischen Kontinents den Flugzeugen bei weitem nicht die Ausnutzung bieten kann, wie es im großräumigen Amerika und Australien möglich ist. Besonders ungünstig ist in Frankreich die Ausnutzung des Flugzeugsparks, da hier zweifellos die große Zahl der Gesellschaften eine Zusammenfassung der Flugzeugparks zu einem rationellen Einsatz erschwert. Zwar weist auch Italien eine erhebliche Zahl von Luftverkehrsgesellschaften auf, aber sie sind nicht wie die französischen Gesellschaften gezwungen, in starkem Gemeinschaftsbetrieb mit ausländischen Gesellschaften ihre

Tabelle 8. **Ausnutzung des Flugzeugparks in verschiedenen Ländern im Jahre 1930.**

| Fluggesellschaft | Zahl der Flugzeuge | Gesamtzahl der Flug-km | Flug-km pro Flugzeug und Tag | Gesamtzahl der Flugstunden | Betriebsstunden pro Tag und Flugzeug |
| | | 1000 km | km | h | h |
| --- | --- | --- | --- | --- | --- |
| 1 | 2 | 3 | 4 | 5 | 6 |
| Deutschland: | | | | | |
| D.L.H. | 148 | 9 130 | 207 | 62 128 | 1,40 |
| Deruluft | 11 | 929 | 282 | 5 554 | 1,68 |
| Finnland: | | | | | |
| Aero O/Y | 5 | 225 | 150 | 1 500 | 1,00 |
| Frankreich: | | | | | |
| Air Union | 54 | 2 129 | 132 | 14 200 | 0,88 |
| Air Orient | 20 | 441 | 73 | 2 940 | 0,49 |
| Aéropostale | 243 | 3 555 | 49 | 23 500 | 0,32 |
| Cidna | 74 | 2 161 | 96 | 14 400 | 0,65 |
| Farman | 41 | 998 | 81 | 6 650 | 0,54 |
| Italien: | | | | | |
| Avio Linee | 6 | 516 | 287 | 3 191 | 1,77 |
| S.A.Expresso | 7 | 292 | 139 | 1 924 | 0,91 |
| S.A.Mediteranea | 12 | 728 | 202 | 4 831 | 1,34 |
| Sisa | 14 | 594 | 141 | 3 987 | 0,95 |
| Sana | 16 | 1 269 | 264 | 7 747 | 1,62 |
| Transadriatica | 10 | 900 | 300 | 5 395 | 1,80 |
| Niederlande: | | | | | |
| K.L.M. (Europa und Kolonien) | 25 | 1 459 | 194 | 10 338 | 1,38 |
| Österreich: | | | | | |
| Ölag | 10 | 556 | 185 | 4 766 | 1,59 |
| Schweiz: | | | | | |
| Ad Astra Aero | 9 | 365 | 135 | 2 670 | 0,99 |
| Balair | 7 | 302 | 144 | 1 885 | 0,90 |
| Vereinigte Staaten von Amerika: | | | | | |
| National Air Transport | 40 | 4 850 | 357 | 27 000 | 1,98 |
| Boeing | 33 | 5 326 | 474 | 29 600 | 2,64 |
| American Airways | 85 | 11 100 | 435 | 61 500 | 2,14 |
| Universal Airlines | 18 | 3 730 | 690 | 20 700 | 3,54 |
| Pan American Airways | 98 | 6 848 | 234 | 38 000 | 1,14 |
| Australien: | | | | | |
| National Airways | 4 | 918 | 675 | 5 100 | 3,75 |

Anmerkung: Für Europa wurden 300, für Amerika und Australien 340 Betriebstage pro Jahr angenommen. Soweit keine Angaben über die Flugstundenzahl der einzelnen Gesellschaften vorlagen, wurde dieselbe aus der Zahl der Flug-km unter Zugrundelegung einer Fluggeschwindigkeit von 150 km/h für Europa und 180 km/h für Amerika und Australien ermittelt.

Arbeit zu leisten und können so ihren Betriebsapparat besser ausnutzen. Selbstverständlich wirken in Europa nachteilig auf die Ausnutzung des Flugzeugparks auch die Einschränkungen des Luftverkehrs im Winter ein. Aber das erklärt in keiner Weise den verhältnismäßig großen Abstand in der Ausnutzung des Flugzeugparks Europas von der guten Ausnutzung in Nordamerika, wo Sommer und Winter nahezu gleicher Betrieb durchgeführt wird und die großen Netzweiten einen besseren Einsatz gestatten. Für Europa ist die große Zahl der nationalen Luftverkehrsgesellschaften ein starkes Hemmnis für eine günstige Ausnutzung des Flugzeugparks und eine große Belastung für die Wirtschaftlichkeit im Luftverkehr. Wie sich diese Belastung zahlenmäßig ergibt, wird unter Punkt „Wirtschaftlichkeit" dieser Abhandlung untersucht werden.

**Tabelle 9. Verkehrs- und Betriebswert der Flugzeuge in den Vereinigten Staaten von Amerika und Europa.**

| Land | Zuladung | Fluggewicht / Zuladung | Fluggäste | Kabinen-Grundfläche | Kabinenraum | Gepäckraum | Motorzahl | Motorleistung | Fluggeschwindigkeit | Reichweite |
|---|---|---|---|---|---|---|---|---|---|---|
| | kg | | | m²/Pers. | m³/Pers. | m³/Pers. | | PS | km/h | km |
| 1 | 2 | 3 | 4 | 5 | 6 | 7 | 8 | 9 | 10 | 11 |
| Vereinigte Staaten von Amerika | 2,0—4,2 | 2,45 | 12—30 | 0,62 | 1,13 | 0,075 | 2—4 | 1150—2320 | 188 | 1200 |
| | 1,0—2,0 | 2,5 | 3—12 | 0,53 | 0,76 | 0,186 | 1—3 | 650—1250 | 188 | 1100 |
| | 0,5—1,0 | 2,6 | 1—5 | 0,57 | 0,85 | 0,16 | 1 | 140—225 | 184 | 1050 |
| Europa | 2,0—11,0 | 2,59 | 8—38 | 0,74 | 1,36 | 0,3 | 1—4 | 850—2400 | 176 | 1100 |
| | 1,0—2,0 | 2,3 | 4—10 | 0,63 | 1,1 | 0,41 | 1—3 | 310—640 | 177 | 1250 |
| | 0,5—1,0 | 2,6 | 4—5 | 0,54 | ·0,91 | 0,2 | 1—3 | 95—310 | 165 | 1070 |

Was die Leistungsfähigkeit der Flugzeuge selbst anbelangt, so ist in Tabelle 9 der durchschnittliche Verkehrs- und Betriebswert für europäische und amerikanische Flugzeuge untersucht, wobei unter Verkehrswert die Nutzladefähigkeit, Bequemlichkeit und Geschwindigkeit, unter Betriebswert das Verhältnis der Nutzlast zur Gesamtlast und die Motorenleistung zu verstehen sind. Die Untersuchung ist für drei Zuladungsstufen durchgeführt, um auf diese Weise die Charakteristik für Flugzeuge des Landes-, des kontinentalen und transkontinentalen Fluglinennetzes zu erhalten. Für beide Erdteile ist das Verhältnis zwischen Fluggewicht und Zuladung nahezu gleich und auch in der Höchstzahl der Plätze wenig unterschiedlich. In dem auf einen Platz entfallenden Raum stehen die amerikanischen Flugzeuge hinter Europa an Bequemlichkeit zurück. Die Motorenleistung der amerikanischen Flugzeuge liegt bei der gleichen Flugzeuggattung vor allem aber bei den unteren Gattungen durchschnittlich erheblich höher als in Europa, ein Unterschied, der zum Teil einer größeren Leistungsreserve und höheren Geschwindigkeiten zugute kommt. Ganz allgemein kann aus den Zahlen der Tabelle geschlossen werden, daß der Verkehrswert der verwandten Flugzeuge in den beiden Entwicklungszellen des Weltluftverkehrs nahezu gleich ist und nur in der höheren Geschwindigkeit der Flugzeuge die Vereinigten Staaten von Amerika einen verkehrlichen Vorsprung haben, daß dagegen der Betriebswert der amerikanischen Flugzeuge mit ihren großen Motorenstärken vom Standpunkt der Flugsicherheit größer ist als beim Durchschnitt der europäischen Flugzeuge.

Im Aufbau der Flugzeuge sind in den letzten Jahren zwar kaum grundlegende Änderungen zu verzeichnen, wenn auch weitere Fortschritte zum Nurflügel-Flugzeug gemacht worden sind, die im Kampf um höchste Transportleistungen bei möglichst geringem Kraftaufwand Erfolge in der Verminderung des Widerstands erzielt haben. Dem Sternmotor wurde durch die Verkleidung mittels einer Stromlinienhaube sein Anwendungsgebiet erweitert. In den Zielen ist der Flugzeugbau wie bisher in starkem Vorwärtsstreben. Wenn sie auch zum Teil sehr hoch sind und beispielsweise auf ein Schnellflugzeug mit 500 km/h in großer Höhe hinausgehen, so liegen sie durchaus im Sinne gesunder verkehrlicher Förderung, ebenso wie die von vielen Seiten betriebene Entwicklung des Rohölmotors für die Sicherheit und Leistungsfähigkeit im Luftverkehr besonders wertvolle Fortschritte bringen kann.

Die für die Sicherheit und Leistungsfähigkeit wichtige Frage der Verwendung von ein- oder mehrmotorigen Flugzeugen im Luftverkehr wird von den Luftverkehrsgesellschaften unter zweckmäßiger Anpassung an die heutige technische Leistungsfähigkeit der Motore zu lösen versucht. Da die Motorstörungen immerhin noch $^1/_5$ bis $^1/_4$ aller Unfallursachen ausmachen, so ist es erklärlich, daß der Einsatz mehrmotoriger Flugzeuge in den letzten Jahren stärker zugenommen hat als der einmotoriger Flugzeuge, wenn auch diese Zunahme zum Teil darauf zurückzuführen ist, daß ein Motor für die notwendige Kraftleistung großer Flugzeuge nicht genügte. Dieses Verhältnis zwischen den ein- und mehrmotorigen Flugzeugen liegt, wie Abb. 5 erkennen läßt, sowohl in Europa wie in den Vereinigten Staaten von Amerika in gleicher Weise vor. Daß damit die Wirtschaftlichkeit im engeren Sinne wegen der höheren Betriebskosten der mehrmotorigen Flugzeuge für die Verkehrseinheit belastet wird, ist bereits in früheren Untersuchungen betont worden. Es muß daher trotz der heute noch durchaus berechtigten Neigung zum Einsatz mehrmotoriger Flugzeuge immer wieder betont werden, daß das Endziel nicht allein in dieser Kompromißlösung liegen kann, sondern in der Schaffung starker und weitgehend sicher arbeitender Motore, die mit hoher Leistungsreserve in einmotorigen Flugzeugen verwendet werden können. Der Rohölmotor scheint in dieser Beziehung ein besonders wichtiger Entwicklungsfaktor für den heutigen und zukünftigen Luftverkehr zu sein.

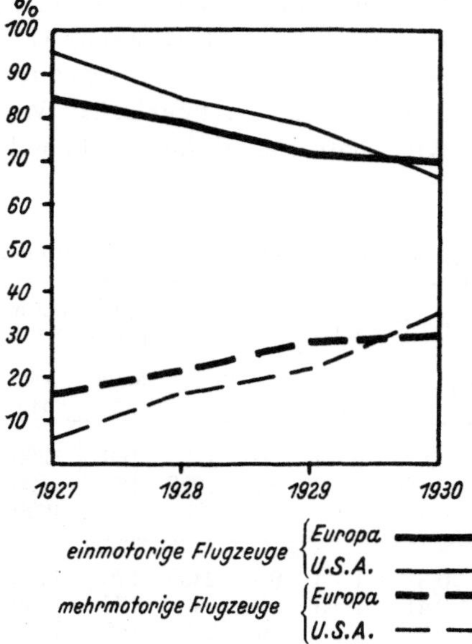



Abb. 5. Anteil der ein- und mehrmotorigen Flugzeuge am Flugzeugpark im planmäßigen Luftverkehr Europas und der Vereinigten Staaten von Amerika.

Im Flugzeugbau ist weiterhin die Tatsache festzustellen, daß die Länder und Luftverkehrsgesellschaften sich beim Bau der Flugzeuge in erster Linie von den verkehrswirtschaftlichen Aufgaben, die das technische Instrument zu erfüllen hat, leiten lassen. In dieser Beziehung ist es vor allem bemerkenswert, daß außer Deutschland, Holland und den Vereinigten Staaten von Amerika auch England Spezialflugzeuge für die Postbeförderung bauen läßt, die sehr hohe Geschwindigkeiten aufweisen und in ihrer Ladefähigkeit dem tatsächlichen Verkehrsbedürfnis angepaßt sind. Diese Spezialisierung der Flugzeuge nach dem Verkehrszweck, wenigstens für besonders günstig gelagerte Verkehrsbeziehungen, wie sie in Europa zwischen den Landeshauptstädten vorliegen, ebnet den dornenvollen Weg einer baldigen Wirtschaftlichkeit des Luftverkehrs besser als ein überzüchteter Dienst für kombinierten Verkehr, der zu Verzettelungen und Verwässerungen in der Verkehrsbedienung führt. Denn auch zeitlich in bezug auf den Flugplan muß eine Spezialisierung nach der Verkehrsart vorgenommen werden, da beispielsweise der Post- und Personenverkehr durchaus nicht immer zur gleichen Tageszeit ihre günstigste Verkehrsgelegenheit suchen. Hohe Geschwindigkeiten und verkehrstechnisch richtig gebaute und eingesetzte Flugzeuge sind im kontinentalen und Weltluftverkehr die Faktoren, die der Förderung und dem Erfolg des Luftverkehrs dienen. Beiden Gesichtspunkten wird immer mehr Rechnung getragen, wobei die außerordentlich wertvollen Versuche mit Höhenflugzeugen zur schnellen Überwindung größter Raumweiten an die Spitze dieser aussichtsreichen Bestrebungen gesetzt werden können.

Die Ausnutzung der Flughäfen durch den Flugbetrieb ist in Tabelle 10 untersucht. In ihr sind für eine Reihe wichtiger Flughäfen Europas, so weit Unterlagen zu erhalten waren, Zahlen über die planmäßigen und außerplanmäßigen Starts und Landungen sowie über die Transportmengen an Personen, Fracht und Post angegeben. Die Leistungsfähigkeit eines Flughafens ist eine in allen Ländern verhältnismäßig konstante Größe, da durchschnittlich stündlich 12 Starts und 12 Landungen auf einem Verkehrsflughafen vorgenommen werden können. Heute liegt auch in den größten Weltstädten die Zahl der Starts und Landungen im planmäßigen Luftverkehr im Durchschnitt eines Tages nicht erheblich über der stündlichen Leistungsfähigkeit der Flughäfen. Und auch unter Berücksichtigung des außerplanmäßigen Flughafenverkehrs, wie Sonderflüge, Schul- und Werkflüge, ist die Leistungsfähigkeit des Rollfeldes nur zu 10 bis 15% ausgenutzt. Dabei ist davon ausgegangen, daß die Anlagen für die betriebstechnischen Arbeiten an den Flugzeugen, die den Betriebsfluß im Flughafen wesentlich bestimmen, den tatsächlichen Leistungen auf dem Rollfeld entsprechen.

Tabelle 10. **Verkehrsumfang der Flughäfen in Europa im Jahre 1930.**

| Flughafen | Jährliche Zahl der Starts und Landungen | | | | Transportmengen im planmäßigen Verkehr | | | | | |
| | Planmäßig.Verkehr | | Außer-plan-mäßiger Verkehr | Gesamt | Fluggäste | | Fracht in kg | | Post in kg | |
| | im Jahre | Tages-mittel | | | ein | aus | ein | aus | ein | aus |
| 1 | 2 | 3 | 4 | 5 | 6 | 7 | 8 | 9 | 10 | 11 |
| Amsterdam . . . . | 6276 | 21 | 4498 | 10474 | 8663 | 8593 | 371000 | 731000 | 62793 | 57712 |
| Antwerpen . . . . . | 1293 | 4 | 3311 | 4504 | 4356 | 4207 | 105564 | 98656 | 6427 | 5594 |
| Berlin . . . . . . . | 9627 | 32 | 20159 | 29786 | 13750 | 13720 | 445861 | 384226 | 40910 | 293616 |
| Halle-Leipzig. . . . | 7057 | 23 | 1067 | 8124 | 9145 | 8791 | 169270 | 172370 | 86930 | 62330 |
| Hamburg. . . . . . | 5756 | 19 | 8422 | 14178 | 17420 | | 490640 | | 128763 | |
| Köln . . . . . . . | 9657 | 32 | 8891 | 18566 | 9345 | 9010 | 418068 | 471143 | 76180 | 70740 |
| Königsberg. . . . . | 1457 | 5 | 7395 | 8852 | 1527 | 1708 | 44226 | 44381 | 17420 | 14289 |
| München . . . . . . | 3128 | 10 | 3474 | 6602 | 5524 | 5693 | — | — | — | — |
| Nürnberg. . . . . . | 4232 | 14 | 1829 | 5061 | 6143 | 6282 | 209890 | 210210 | 44660 | 43506 |
| Paris . . . . . . . . | 9975 | 33 | 10763 | 20738 | 39783 | | 1921069 | | 75585 | |
| Stuttgart . . . . . | 4160 | 14 | 51309[1]) | 55469 | 4819 | 4743 | 87941 | 105050 | 16174 | 10865 |
| Zürich . . . . . . . | 5396 | 18 | 6421 | 11817 | 3925 | 3972 | 119761 | | 39400 | |

[1]) Einschließlich Schul- und Werkflüge.

Die Transportmengen der Flughäfen im planmäßigen Luftverkehr würden die Bedeutung der einzelnen Städte im Luftverkehrsnetz besser charakterisieren, wenn allgemein die Statistik getrennt nach Orts- und Durchgangsverkehr geführt würde. Das ist bisher noch nicht überall der Fall, weshalb in der Tabelle die Gesamtverkehrsmengen, die im Flughafen ein- und ausgehen, also Orts- und Durchgangsverkehr, angegeben sind. Immerhin geben auch diese Zahlen einen guten Anhalt über den Verkehrswert der Flughäfen. Bringen wir mit diesen Zahlen die Städte und die Struktur ihrer Wirtschaft in Beziehung, so ergibt sich eine sehr wesentliche praktische Bestätigung für die theoretische Erkenntnis, daß Städte und Gebiete mit großem Geschäfts- und Behördenverkehr sowie mit hochwertiger Industrie ein besonderes Bedürfnis für schnellen Transport auf dem Luftweg haben.

Die Luftverkehrsgesellschaften betreiben im allgemeinen zur Steigerung ihrer Verkehrsaufgaben eine großzügige Verkehrswerbung durch Aufklärung der Öffentlichkeit über die verkehrlichen Vorzüge und die Verkehrsgelegenheiten der Luftbeförderung für Reisende, Post und Fracht. Soweit diese Aufklärung durch Flugplanbücher erfolgt, ist sie allerdings vielfach noch wenig einheitlich und übersichtlich für den Luftverkehr Europas. Zwar ist in dem von der Cina monatlich herausgegebenen Indicateur Aérien der Versuch zur Herausgabe eines einheitlichen Luftfahrplans für Europa gemacht worden, aber seine Angaben sind zum Teil wenig übersichtlich und vielfach auch noch nicht erschöpfend genug gehalten. Es ist zweifellos nicht einfach, für die 32 europäischen größeren Luftverkehrsgesellschaften ein gut abgestimmtes Fahrplanbuch aufzustellen. Welche Möglichkeiten der Verbesserung aber hierbei noch bestehen, zeigt in mancher Hinsicht der ebenfalls monatlich erscheinende Official Aviation Guide der Vereinigten Staaten von Amerika, der als wertvolles, den Verkehrsinteressenten führend und erschöpfend unterrichtendes Flugplanbuch angesprochen werden kann, trotzdem hier sogar für 50 amerikanische Luftverkehrsgesellschaften ein geschlossenes Flugplanbild geschaffen werden muß. Es dürfte ein dankbares Gebiet europäischer Verkehrswerbung sein, wenn in diesem Punkte Verbesserungen erzielt werden könnten und vor allem eine größere Einheit in der Bekanntgabe der Beförderungsbedingungen, der Flugpläne für Personen, Post und Fracht, sowie der Tarife zustandekommen würde.

Es ist bisher nur vom Luftverkehr mit Flugzeugen und seinen Leistungen gesprochen worden, weil er das Rückgrat des heutigen planmäßigen Luftverkehrs darstellt. Das letzte Jahr hat aber auch im Verkehr mit L u f t s c h i f f e n sehr bemerkenswerte verkehrliche Fortschritte aufzuweisen, wenn sie auch noch nicht wegen Mangels an Luftschiffen den planmäßigen Verkehr vollkommen dienen können. So hat das Luftschiff „Graf Zeppelin" im Septemter 1931 eine planmäßig angesetzte Transozeanfahrt von Europa nach Südamerika und zurück für Verkehrszwecke durchgeführt. Die Sicherheit und weitgehende Pünktlichkeit, mit der diese Fahrt, der noch eine weitere im gleichen Monat gefolgt ist, vorgenommen werden konnte unter Mitwirkung der Flugzeuge des kontinentalen Luftverkehrs als Zubringer und Verteiler der beförderten Verkehrsmengen, hat die besondere Eignung der Luftschiffe für den Transozeanverkehr praktisch bewiesen. Es konnte die Reisezeit, die bisher beim Seeschiff 15 Tage und im kombinierten Verkehr Flugzeug—Seeschiff der französischen Gesellschaft Aéropostale 9 Tage betrug, auf 3 Tage herabgesetzt werden. Damit hat das Luftschiff eine Periode wirkungsvollen Langstreckenverkehrs über die Ozeane begonnen, die von größter verkehrlicher Bedeutung ist. Sobald eine größere Zahl von Luftschiffen zur Verfügung stehen wird, wird ihnen zunächst wohl der Transozeanverkehr zufallen, für den das Flugzeug noch nicht reif ist trotz einiger Einzelerfolge im Überqueren des Atlantik in letzter Zeit. Der große Wert der planmäßig angesetzten Fahrten von Luftschiffen in heutiger Zeit besteht vor allem darin, daß praktisch der Welt die außerordentliche Zeitersparnis im Luftverkehr auf größte und schwierigste Raumweiten und damit die Möglichkeiten einer weiteren günstigen Entwicklung in dieser Richtung vor Augen geführt werden. In diesem Sinne erfüllen die von Dr. Eckener in Gemeinschaft mit der Hamburg-Amerika-Linie durchgeführten und verkehrsmäßig aufgezogenen Transozeanflüge eine besonders wichtige Pionierarbeit zur Erschließung der größten und daher einnahmegünstigsten Überseestrecken auf dem Luftwege. Sie haben wiederum gezeigt, daß die Z u s a m m e n a r b e i t zwischen Luftschiff u n d Flugzeug dem Prinzip praktischer Förderung des Luftverkehrs entspricht.

### 4. Wirtschaftlichkeit.

Wenn in den vorhergehenden Abschnitten von bemerkenswerten Fortschritten in der Organisation, Sicherheit und Leistungsfähigkeit des Luftverkehrs und von Zielen zu weiteren Verbesserungen gesprochen wurde, so wurden damit schon wesentliche Faktoren auf dem Wege zur Wirtschaftlichkeit im Luftverkehr berührt. Hier soll über die t a t s ä c h l i c h e  L a g e  d e r  W i r t s c h a f t l i c h k e i t im Luftverkehr gesprochen und dabei insbesondere die S e l b s t k o s t e n l a g e  i n  A b h ä n g i g k e i t  v o n  d e r  R e i c h w e i t e  u n d  d e m  V e r k e h r s u m f a n g untersucht werden.

Nur eine rückhaltlose, objektive, ständige Behandlung der Frage der Wirtschaftlichkeit kann die Schwächen aufdecken, die heute noch den Erfolg des Luftverkehrs beeinträchtigen. Nur dann ist es möglich, Unvollkommenheiten so rasch als möglich zu beseitigen. Es ist kein Zweifel, daß heute die Luftverkehrsgesellschaften mit mehr oder weniger Erfolg, aber mit großer Energie versuchen, ihren Betrieb so rationell zu gestalten, als es nach Lage der Entwicklung möglich ist, weil sie ihre Abhängigkeit von den Subventionen der öffentlichen Hand so bald als möglich lösen wollen. Aber es ist auch auf der anderen Seite notwendig, daß losgelöst vom eigenen Interesse der Gesellschaften die Allgemeinheit die Wege und Ziele erkennen kann, die, wenn auch mit großen Opfern, schließlich zur Wirtschaftlichkeit im Luftverkehr führen können. In diesem Sinne sind eingehende wissenschaftliche Untersuchungen über den wirtschaftlichen Erfolg oder Mißerfolg des Luftverkehrs erheblich wertvoller als die Geheimhaltung von Dingen, die doch mit der Zeit offenbar werden. Nur größtes Vertrauen auf offene ernste Arbeit kann die Allgemeinheit schließlich zu der finanziellen Unterstützung des Luftverkehrs veranlassen, die zu seiner Entwicklung noch nötig ist. Alle Länder und Luftverkehrsgesellschaften haben hieran das allergrößte Interesse. In den Vereinigten Staaten von Amerika ist bereits diese offene Behandlung aller wirtschaftlichen Fragen des Luftverkehrs zu einer Selbstverständlichkeit geworden, wie ich mich selbst zum Besten meiner Studien im amerikanischen Luftverkehr überzeugen konnte. In Europa beginnt sich in den letzten Jahren eine ähnliche Erkenntnis über den Wert derartiger Untersuchungen durchzusetzen, die selbstverständlich nur das generelle Ergebnis der Allgemeinheit zu belegen haben unter Rücksichtnahme auf die geschäftlichen Einzelerscheinungen im Luftverkehr. Wichtig ist, daß diese Untersuchungen auf objektiver Grundlage aufgebaut und zu Schlußfolgerungen ausgewertet werden, die der Förderung der Luftfahrt im Dienste der Allgemeinheit dienen können.

Tabelle 11. **Durchschnittliche Verkehrseinnahmen je angebotenes Nutz-tkm in verschiedenen Ländern Europas im Jahre 1930.**

| Land | Charakteristik des Netzes des Luftverkehrs-unternehmens | 1930 RM. | Gegen 1929 ± RM. |
|------|---------------------------------------------------------|----------|------------------|
| 1 | 2 | 3 | 4 |
| 1 | Vorwiegend Landflugnetz . . . . . . . | 1,24 | — 0,09 |
| 2 | Vorwiegend Landflugnetz . . . . . . . | 1,01 | + 0,20 |
| 3 | Vorwiegend Seeflugnetz . . . . . . . | 2,34 | + 0,73 |

Einen Anhalt über die Entwicklungsrichtung in der Wirtschaftlichkeit des Luftverkehrs geben zunächst die durchschnittlichen Verkehrseinnahmen je angebotenes Nutz-tkm. Tabelle 11 enthält diese Zahlen für einige Länder Europas im Jahre 1930. Gegenüber 1929 ist im Jahre 1930 in der Hauptsache eine zum Teil sehr wesentliche Steigerung der Einnahmen festzustellen. Allerdings stehen den Einnahmen, die zwischen 1,01 RM. und 2,34 RM. für das angebotene Nutz-tkm schwanken, wie sich aus einer Tabelle in der 2. Abhandlung dieses Heftes ergibt, noch Selbstkosten oder Ausgaben von 2,45 bis 4,62 RM. für die gleiche Verkehrseinheit gegenüber, so daß wohl eine Deckung der Ausgaben durch Verkehrseinnahmen von 21 bis 53% vorliegt. Im einzelnen liegt sie in

Frankreich . . . . bei 21%,  
Deutschland . . . . „ 25%,  
England . . . . . „ 48%,  
Holland . . . . . . „ 53%,

wenn für die Ausgaben die gleichen Kostenarten zugrunde gelegt werden. Die Deckung ist am größten im Langstrecken- und Seeflugnetz, also auf den Luftlinien mit den besten Voraussetzungen für die Mobilisierung des Bedarfs und für eine einnahmegünstige Preisbildung im Luftverkehr. Für Amerika werden in Abhandlung 2 nähere Angaben gemacht.

Auch Tabelle 12, die die durchschnittlichen Tarife im Personen- und Frachtverkehr enthält, erklärt die Wechselwirkung zwischen Einnahmen und dem Charakter des Luftverkehrsnetzes. Während auf den Landstrecken die Tarife mit Rücksicht auf den Wettbewerb anderer Verkehrsmittel niedrig gehalten sind, liegen sie auf den Seestrecken, auf denen ein erheblicher Reisevorsprung auf dem Luftweg zu gewinnen ist, wesentlich höher, so daß die Einnahmen auf die Verkehrseinheit ebenfalls höher sein können. Im Postverkehr haben sich die Tarife gegenüber den im Heft 3 angegebenen Zahlen nicht geändert. Die Tarife haben sich zweifellos im kontinentalen Luftverkehr allmählich auf die Höhe eingestellt, bei der das Luftfahrzeug in bestimmten Reichweiten Verkehr an sich ziehen kann. Eine Verbesserung der Regelmäßigkeit und Sicherheit wird noch höhere Tarife tragbar machen. Im wesentlichen aber muß die Senkung der Selbstkosten im Luft-

Tabelle 12. **Durchschnittliche Tarife im Luftverkehr für Personen, Gepäck und Fracht im Jahre 1929 und 1930.**

| Gebiet | Charakteristik der Strecke | 1 Personen-km RM. 1929 | 1 Personen-km RM. 1930 | 1 tkm Gepäck RM. 1929 | 1 tkm Gepäck RM. 1930 | 1 tkm Fracht RM. 1929 | 1 tkm Fracht RM. 1930 | Beschleunigg. gegenüber anderen Verkehrsmitteln |
|--------|----------------------------|------|------|------|------|------|------|------|
| 1 | 2 | 3 | 4 | 5 | 6 | 7 | 8 | 9 |
| Europa | Land- u. Seestrecke | 0,15—0,29 | 0,13—0,44 | 1,90—3,90 | 1,50—3,70 | 1,80—4,00 | 1,50—4,00 | 2—7 fach |
|  | Landstrecke | 0,14—0,22 | 0,12—0,18 | 1,10—2,90 | 1,30—2,40 | 1,10—2,60 | 0,80—3,70 | 1,5—3 fach |
| Nordamerika | Land- u. Seestrecke | 0,44—0,55 | 0,40—0,55 | 4,70 | 4,50—6,00 | — | 2,70—6,00 | 3—8 fach |
|  | Landstrecke | 0,13—0,33 | 0,18—0,22 | 5,80 | 2,10—2,65 | — | — | 2—4 fach |
| Südamerika | Land- u. Seestrecke | 0,39—0,83 | 0,30—0,81 | — | — | 11,0 | — | 2—12 fach |
|  | Landstrecke | 0,48—0,96 | 0,81—0,95 | — | — | — | — | 3—90 fach |
| Asien | Landstrecke | 0,32—0,37 | 0,30—0,58 | 3,20—6,15 | 2,90—5,80 | — | 2,90—4,30 | 2—8 fach |
| Afrika | Landstrecke | 0,89 | 0,58 | — | 0,70—1,50 | — | 4,90 | 4—6 fach |
| Australien | Landstrecke | 0,32—0,34 | 0,22—0,34 | — | — | 4,70 | — | 2—8 fach |

verkehr der Wirtschaftlichkeit dienen sowie die Einrichtung des Luftverkehrs für das einnahmegünstigste Gut, die Post, in ihrem Transport auf große Entfernungen.

In diesem Zusammenhang ist es interessant, wie auf transkontinentalen Strecken von Amerika und Holland sich das Verkehrsbedürfnis und die Tarife gestaltet haben. Für die Vereinigten Staaten von Amerika hat bereits Abb. 4 erkennen lassen, wie sehr die großen Entfernungen in Amerika die Verkehrsdichte für Post gesteigert haben. Speziell auf der wichtigsten Transkontinentalstrecke Chicago—San Franzisco betrug die durchschnittliche Postmenge pro Flug bei täglichem Verkehr 930 kg. Bemerkenswert sind aber auch die bisherigen Ergebnisse der Holland-Indienstrecke, die seit einem halben Jahr in planmäßiger Einrichtung begriffen ist. Trotzdem nur 14tägige Bedienung auf dem Luftweg zunächst eingerichtet wurde, der Vorsprung auf dem Luftweg gegenüber dem Seeschiffahrtsweg also noch nicht genügend ausgeschöpft ist, wurden auf dem Luftweg bereits 10% der gesamten nach Indien gehenden Briefpost befördert. Durchschnittlich entfielen auf einen Flug 205 kg bei einem Postzuschlag von 0,51 RM. für Leichtbriefe bis zu 5 g und 1,20 RM. für Briefe von 5 bis 20 g. Der von der holländischen Gesellschaft beabsichtigte 8tägige Luftverkehr nach Indien wird zweifellos die Luftpostmengen erheblich steigern und damit eine gute Ausnutzung der Flugzeuge bringen. Es ist im Betrieb der holländischen Indienlinie besonders interessant, daß das aus politischen Gründen notwendige Umfliegen der Türkei über Alexandrien eine Vermehrung der Betriebskosten von 9% verursacht.

Bei der im allgemeinen noch recht ungünstigen Lage der Wirtschaftlichkeit im Luftverkehr ist das Problem der Selbstkostensenkung naturgemäß primär neben der Einnahmesteigerung durch den Luftverkehr auf großen Entfernungen, der durch den technischen Fortschritt zur Steigerung der Leistungsfähigkeit der Flugzeuge ermöglicht werden muß. Zwar sind die Selbstkosten im letzten Jahr bei den meisten Gesellschaften um 20 bis 40 % gesenkt worden, sodaß ein wesentlicher Fortschritt gegenüber früheren Jahren vorliegt. Diese Entwicklung muß sich aber noch weiter fortsetzen. Die Selbstkostensenkung steht mit einer möglichst großen Ausnutzung der Ladefähigkeit der Flugzeuge in engster Beziehung. Es sollen daher nachfolgend eingehend die Zusammenhänge zwischen den Betriebskosten und den jährlichen Betriebsstunden, dem Verkehrsumfang und der Reichweite untersucht werden. Mit der Entwicklung des Luftverkehrs vom Landes- und kontinentalen Netz zum transkontinentalen Netz gewinnen diese Untersuchungen für den wirtschaftlichen Einsatz zweckmäßiger Flugzeuge immer mehr an Bedeutung.

Um sie durchzuführen, ist zunächst die Betriebskostenanalyse für Sport- und Verkehrsflugzeuge nach Tabelle 13 aufgestellt und aus ihr die Abb. 6 entwickelt. Als Betriebskosten wurden lediglich jene Selbstkosten angesehen, die in direkter Abhängigkeit von der Type des einzelnen Flugzeugs, den Betriebsstunden, der Reichweite und der Nutzladefähigkeit stehen, während die Erfassung der gesamten Selbstkosten eines Luftverkehrs mit diesen Typen nach besonderen Untersuchungen noch einen Zuschlag von 1 bis 2 RM./Nutztkm zu den dargestellten Betriebskosten

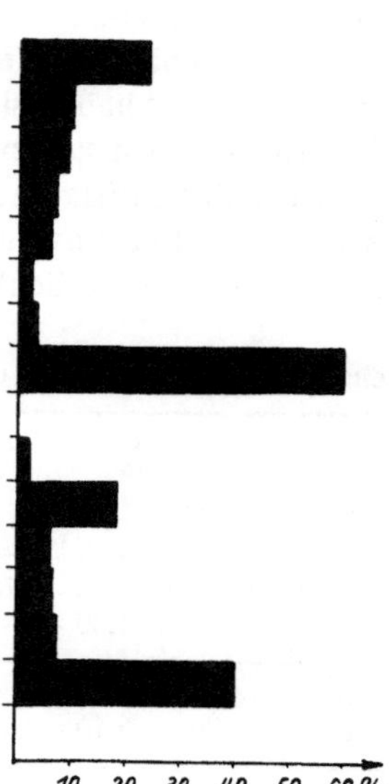


Abb. 6. Betriebskostenanalyse für Verkehrsflugzeuge
im Jahre 1931.

im engeren Sinne bringen würde. Es sind also nicht berücksichtigt die Kosten für die Zentralverwaltung, Flugleitung, Flugsicherung, Zubringerdienst, Provisionen, Werbekosten, da sie für die untersuchten Typen als nahezu gleich angesetzt werden können.

Tabelle 13. **Betriebskostenanalyse für Sport- und Verkehrsflugzeuge im Jahre 1931.**

| | Sport-flugzeug | Reise-flugzeug | Land-flugzeug | Land-flugzeug | Flugboot | Flugboot | Land-flugzeug |
|---|---|---|---|---|---|---|---|
| Nutzlast in kg | 200 | 200 | 1170 | 3350 | 1770 | 5950 | 7200 |
| 1 | 2 | 3 | 4 | 5 | 6 | 7 | 8 |
| I. Veränderl. Kosten: | % | % | % | % | % | % | % |
| Betriebsstoffe | 28,3 | 22,6 | 15,4 | 21,8 | 26,2 | 30,4 | 18,5 |
| Start- und Landegebühren | 17,2 | 12,9 | 10,3 | 7,3 | 11,8 | 4,9 | 2,8 |
| Motorabschreibung | 8,5 | 6,9 | 5,2 | 9,1 | 8,7 | 11,1 | 13,1 |
| Fluggelder | — | — | 14,7 | 10,6 | 8,7 | 6,8 | 6,4 |
| Zellenabschreibung | 5,2 | 4,7 | 5,8 | 5,6 | 6,1 | 7,9 | 5,4 |
| Zellenüberholung | 3,1 | 2,6 | 2,9 | 1,7 | 1,5 | 1,1 | 2,8 |
| Motorüberholung | 5,2 | 4,0 | 2,6 | 2,9 | 1,3 | 1,5 | 5,6 |
| Summe Veränd. Kosten | 67,5 | 53,7 | 56,9 | 59,0 | 64,3 | 63,7 | 54,6 |
| II. Feste Kosten: | | | | | | | |
| Wartung | 1,5 | 1,6 | 2,8 | 1,9 | 1,7 | 1,9 | 1,4 |
| Versicherung | 15,4 | 16,1 | 18,4 | 19,3 | 17,4 | 17,1 | 22,8 |
| Unterstellung | 10,3 | 8,4 | 4,9 | 5,8 | 4,4 | 4,8 | 4,3 |
| Verzinsung | 5,3 | 4,6 | 5,1 | 7,0 | 6,1 | 8,0 | 11,2 |
| Besatzung | — | 15,6 | 11,9 | 6,9 | 6,1 | 4,5 | 5,7 |
| Summe Feste Kosten | 32,5 | 46,3 | 43,1 | 41,0 | 35,7 | 36,3 | 45,4 |

Während Abb. 6 die Durchschnittswerte der Betriebskostenanteile sämtlicher untersuchten Flugzeugkategorien bringt, enthält Tabelle 13 die entsprechenden Werte getrennt für jede einzelne Flugzeugkategorie. Dabei ist die Kennzeichnung jeder Klasse durch Angabe der Nutzladefähigkeit bei durchwegs gleicher Reichweite von 500 km erfolgt. Die Gliederung der Kostenarten in veränderliche und feste Kosten wurde auf Grund der zur Verfügung stehenden Untersuchungsunterlagen durchgeführt. Die hervortretenden Anteile der Betriebsstoffkosten unter den veränderlichen Kosten und der Versicherungskosten unter den festen Kosten schwanken je nach Flugzeugklasse zwischen 18,5 und 13,4% bzw. 15,4 und 22,8%. Es ist erklärlich, daß die Betriebsstoffkosten bei dem Sportflugzeug und den Flugbooten, letztere wegen ihrer größeren Widerstände den höchsten Anteil aufweisen. An nächster Stelle stehen die Start- und Landegebühren bzw. die Kosten für die Unterhaltung der Flugzeuge. Beide Anteile nehmen mit zunehmender Größe der Flugzeuge ab. Mit der Zunahme der Größe der Landflugzeuge gleicht sich der Anteil der veränderlichen und festen Kosten insgesamt nahezu aus, während bei den Flugbooten die veränderlichen Kosten infolge der hohen Betriebsstoffkosten erheblich überwiegen.

Auf Grund dieser Betriebskostenermittlung ist nun zunächst das betriebswirtschaftliche Problem in Abb. 7 durch Diagramme erfaßt worden, das die Betriebskosten für verschiedene Flugzeugkategorien auf die Zahl der jährlichen Betriebsstunden, also auf die Ausnutzung des Flugzeugs im Betrieb beziehen will. Die Gegenüberstellung verschiedener Flugzeugkategorien gestattet es, diese nach Nutzladefähigkeit und Reichweite zu unterscheiden und damit ihre verkehrliche Bedeutung zu erfassen. Die Reichweiten 500 bis 2000 km entsprechen dem Einsatz der Flugzeuge im Landes-, kontinentalen und transkontinentalen Luftliniennetz. Die auf Grund dieser Reichweiten sich ergebenden Nutzlasten der Maschinen können als charakteristische Kennzeichen der einzelnen Flugzeugklassen gewertet werden.

Der Vergleich der Linien in Abb. 7 zeigt bei weniger als 500 Betriebsstunden im Jahr ziemlich ungünstige Betriebskostenwerte, während von 1000 jährlichen Betriebsstunden an gerechnet günstige Verhältnisse vorliegen. In der Sport- und Privatluftfahrt ist nun heute, abgesehen von Sonderfällen, mit 100 bis höchstens 300 jährlichen Betriebsstunden zu rechnen, so daß die Betriebskosten, die in diesem Fall den Gesamtselbstkosten gleich gesetzt werden können, Werte bis zu 6 RM./Nutz-tkm erreichen. Hierbei stellt das Sportflugzeug eine offene zweisitzige Maschine mit 60 bis 80 PS dar, während für das Reiseflugzeug ein dreisitziges Kabinenflugzeug mit 100 bis 120 PS und einem berufsmäßigen Führer angenommen wurde.

In welchen Bereich der Selbstkostenlinie fällt nun die tatsächliche durchschnittliche Zahl der jährlichen Betriebsstunden je Flugzeug im planmäßigen kontinentalen und transkontinentalen Luftverkehr? Entspricht dieser Bereich bereits einem Optimum an Selbstkosten oder nicht? Um diese wichtige Beziehung zu erhalten, ist in Abb. 7 in den einzelnen Schaubildern die durchschnittliche Zahl der jährlichen Betriebsstunden im praktischen Luftverkehr eingetragen worden.

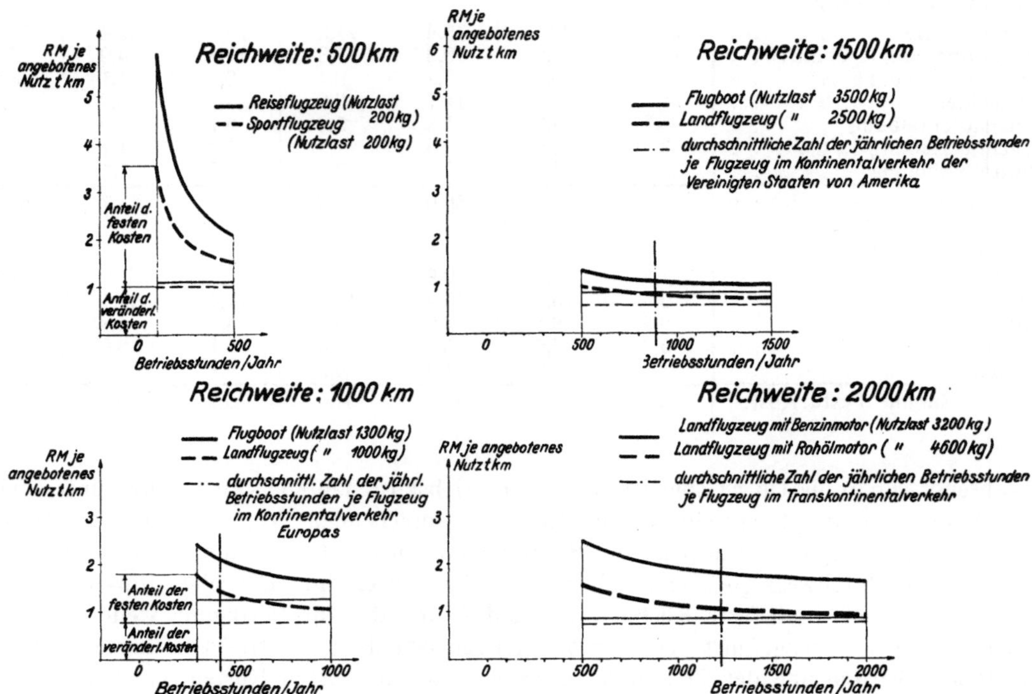


Abb. 7. Betriebswirtschaftliche Wertung von Verkehrsflugzeugen in Abhängigkeit von der Zahl der jährlichen Betriebsstunden und der Reichweite im Jahre 1931.

Für mittlere Verkehrsflugzeuge, die im kontinentalen Luftverkehr Europas durchschnittlich 420 Betriebsstunden jährlich erreichen, ergeben sich Betriebskostenwerte, die zwischen 1,04 RM. und 2,40 RM. je angebotenen Nutz-tkm liegen, wobei die Flugboote gegenüber den Landflugzeugen wegen ihrer großen Widerstände und höheren Baukosten naturgemäß wesentlich ungünstiger abschneiden. Diese Betriebsstundenzahl liegt noch im verhältnismäßig steilen Teil der Selbstkostenkurve, so daß ihre Erhöhung eine wesentliche Selbstkostensenkung bringen kann.

Flugzeugkategorien größerer Nutzladefähigkeit bei größerer Reichweite von 1500 km zeigen wesentlich günstigere Betriebskostenwerte, die sich im vorliegenden Fall zwischen 0,72 RM. und 1,32 RM. je angebotenes Nutz-tkm bewegen. Die durchschnittliche Zahl der jährlichen Betriebsstunden im kontinentalen Verkehr der Vereinigten Staaten von Amerika von 880 Stunden würde eine starke Annäherung an das nutzbare Optimum dieser Klasse bedeuten.

Der Langstreckenverkehr mit Reichweiten von 2000 km erfordert Flugzeuge, deren hohe Betriebskosten nur durch größtmöglichste Nutzladefähigkeit bei großem Verkehrsbedürfnis auf ein erträgliches Maß herabgedrückt werden können. Hierbei treten die Vorzüge der Verwendung des Rohölmotors deutlich hervor, da nicht nur die geringen Betriebskosten dieser Motore einen günstigen Einfluß auf die Selbstkosten ausüben, sondern da besonders die wesentliche Erhöhung der Nutzladefähigkeit eines Flugzeuges mit Dieselbetrieb die Kosten je Nutz-tkm stark beeinflußt. Die Zahl der jährlichen Betriebsstunden im transkontinentalen Verkehr erreicht Werte, die zwischen 1000 und 1500 Stunden liegen, so daß auch für den Langstreckenverkehr mit Großflugzeugen unter günstigen Verhältnissen Betriebskosten von 0,88 RM. bis 2,46 RM. je angebotenes Nutz-tkm erreichbar sind.

Da eine Zunahme der Streckenlängen stets auch eine günstigere betriebliche Ausnutzung der eingesetzten Flugzeuge auf richtig gewählten Strecken zur Folge hat, so kann aus dieser Untersuchung ersehen werden, daß die Wirtschaftlichkeit der für den Langstreckenverkehr geschaffenen Großflugzeugtypen keine ungünstigeren Voraussetzungen hat als die der kleinen Verkehrsflugzeuge des kontinentalen Netzes. Allerdings ist dabei zu beachten, daß bei geringem Verkehrsaufkommen auch kleinere Typen sich im Langstreckendienst als zweckmäßig erweisen dürften.

In Abb. 8 ist nun weiterhin die verkehrswirtschaftliche Wertung der Verkehrsflugzeuge in Abhängigkeit vom Verkehrsumfang und der Reichweite untersucht zur Beurteilung der Zweckmäßigkeit des Einsatzes verschiedener Flugzeugkategorien bei verschiedenem Verkehrsaufkommen oder verlangter Nutzladefähigkeit und verschiedener Reichweite. Unter Zugrundelegung einer jährlichen Betriebsstundenzahl von 500 Stunden als Vergleichsbasis wurden die Betriebskosten je geleistetes Nutz-tkm in Abhängigkeit von der Nutzladefähigkeit der durch die Nutzlast bei einer gemeinsamen Reichweite von 1000 km gekennzeichneten Flugzeugklassen ermittelt, wobei Landflugzeuge und Flugboote getrennt untersucht wurden.

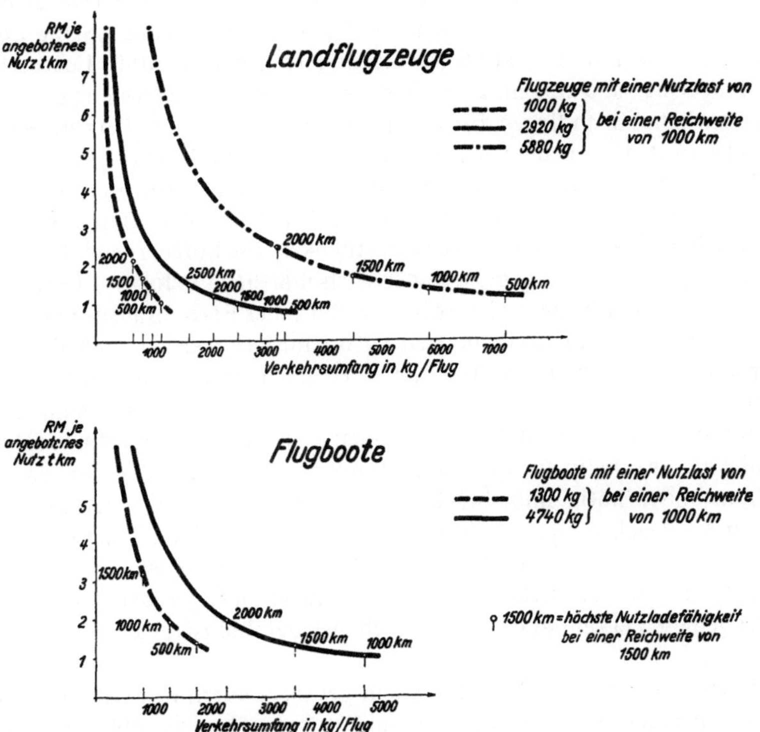


Abb. 8. Verkehrswirtschaftliche Wertung von Verkehrsflugzeugen in Abhängigkeit vom Verkehrsumfang und der Reichweite auf Grund von Betriebskostenlinien im Jahre 1931.

Während die Betriebskosten je geleistetes Nutz-tkm bei gleicher jährlicher Betriebsstundenzahl unabhängig von der Reichweite sind, muß die Beziehung zwischen Reichweite und Nutzladefähigkeit beachtet werden. Zu diesem Zweck sind die maximalen Nutzlasten der verschiedenen Reichweiten der einzelnen Flugzeuge in Abb. 8 hervorgehoben. Damit wird eine verkehrswirtschaftliche Wertung jeder einzelnen Flugzeugkategorie durch Betrachtung der Größen: Nutzlast, Reichweite und Betriebskosten sowie die vergleichende Abwägung der einzelnen Klassen untereinander möglich. So kann beispielsweise die Frage des Einsatzes einer größeren Maschine an Stelle von zwei kleineren Typen eine Beantwortung finden. Wir erkennen zum Beispiel aus der Darstellung für Landflugzeuge, daß auf einer Reichweite von 1000 km eine Nutzlast von 2400 kg mit dem mittleren Flugzeug erheblich billiger befördert werden kann als mit mehreren Maschinen der kleinsten Type. Denn das Nutz-tkm kostet in diesem Fall bei der kleinen Type 1,80 RM., bei der mittleren Type dagegen 1,05 RM., so daß eine Ersparnis bei 3 t Nutzlast von 1,80 RM. je tkm vorliegt.

Auch der Vergleich zwischen Landflugzeug und Flugboot in verkehrswirtschaftlicher Hinsicht ist in Abb. 8 gegeben. Er ist dann von besonderem Interesse, wenn es sich um Strecken handelt, die sowohl von Landflugzeugen als auch von Flugbooten beflogen werden können, wie es besonders bei der starken Küstengliederung Europas im europäischen Luftverkehr häufig der Fall ist.

Die Abnahme der Betriebskosten bei zunehmender Nutzlast der gleichen Flugzeugklasse ist naturgemäß das grundlegende Resultat der Untersuchung. Diese Abnahme tritt bei kleinen Flugzeugen, besonders den Landflugzeugen, rascher ein als bei größeren, so daß die Zunahme der Nutzladefähigkeit des Transportmittels auch eine Steigerung der Betriebskosten bei gleichem Verkehrsaufkommen bedeutet. Bei gegebenem Verkehrsaufkommen und gegebener Reichweite kann demnach auf Grund einer derartigen Untersuchung die Wahl der wirtschaftlich zweckmäßigsten Flugzeuggrößenklasse getroffen werden.

Die vorhergehende Untersuchung über die betriebs- und verkehrswirtschaftliche Wertung der Flugzeuge trifft naturgemäß nur ein Problem der Selbstkostensenkung. Seine Lösung ist aber um so wichtiger, je mehr das Landes-, kontinentale und transkontinentale Luftverkehrsnetz ineinanderfließen und Untersuchungen vorstehender Art immer notwendiger machen. Sie geben aber auch unentbehrliche Grundlagen für das Produktions- und Entwicklungsprogramm der Flugzeug-Industrie, zu dem der Verkehr in erster Linie Richtlinien aufstellen muß. Es ist kein Zweifel, daß der richtige, dem tatsächlichen Verkehrsbedürfnis angepaßte Einsatz der Flugzeuge nach Nutzladefähigkeit und Reichweite bei optimalen Betriebskosten mit der Zeit einen sehr wesentlichen Faktor für die Wirtschaftlichkeit im Luftverkehr darstellt.

Die Untersuchungen haben gezeigt, daß der wirtschaftliche Erfolg im Luftverkehr zum großen Teil davon abhängt, daß die Flugzeuge zu höherer jährlicher Betriebsausnutzung gelangen. Um das zu ermöglichen, muß der Luftverkehrsbetrieb so organisiert werden, daß die jährliche Betriebsstundenzahl der Flugzeuge erhöht werden kann. Überschauen wir die bisherige Entwicklung, so hat heute schon die Luftbeförderung einen Bruttogewinn abgeworfen, wenn die früheren hohen Betriebskosten für den Nutz-tkm mit den heutigen erheblich niedrigeren verglichen werden. Es liegt kein Grund vor, anzunehmen, daß diese Tendenz etwa abgeschlossen wäre. Die Zuschüsse, die zur Entwicklung noch nötig sind, beschleunigen um so mehr die Fortschritte, je rechtzeitiger und zweckmäßiger sie gegeben werden, sowohl für die technischen Einrichtungen und den Betrieb des Luftverkehrs als auch für die beiden dienende Forschung. Zuschüsse sind dann Mittel, mit denen die Zukunft eines wirtschaftlichen Luftverkehrs erkauft werden kann, wie es in der Entwicklungszeit bei jedem Verkehrsmittel und auch bei der Industrie der Fall gewesen ist und der Fall sein wird.

Aber mit diesen Zuschüssen ist es nicht allein getan, sondern es muß auch die Entfaltungsmöglichkeit des Luftverkehrs durch die Einheit des Luftwegs gefördert werden, wie in früheren Jahren in großer Weitsichtigkeit die Freiheit der Seewege sehr früh erklärt wurde. In diesem letzteren Punkt liegen heute vor allem noch in dem im Aufbau begriffenen transkontinentalen Luftverkehr Hemmungen vor, die die Wirtschaftlichkeit erheblich beeinflussen.

In kleineren nationalstarken Ländern werden Konzessionen für die Luftverkehrsgesellschaften meist verknüpft mit der Forderung auf Einrichtung von Flugzeug-Industrie im eigenen Lande. Diese Verbindung zwischen wirtschaftlichen und nationalpolitischen Tendenzen ist geeignet, dem Luftverkehr und der Luftfahrt-Industrie anderer Länder zu dienen, wenn diese Länder einsichtig genug sind, diesen Standpunkt anzuerkennen und ihre Hilfsmittel mit denen des forderenden Staates in richtigen Einklang zu bringen. Aber gerade diese Harmonie zwischen den beiden Beteiligten ist nicht immer befriedigend zu finden. Um beispielsweise von wirtschaftlich wenig kräftigen Ländern, wie der Türkei und anderen asiatischen Gebieten, die Genehmigung von Zwischenlandungen auf ihrem Gebiet im transkontinentalen Luftverkehr Europa—Indien zu erhalten, werden von ihnen Forderungen gestellt, die eine in der Entwicklung stehende Luftverkehrsgesellschaft nicht oder nur sehr schwer erfüllen kann. Die Folge ist eine starke Belastung der Daseinsmöglichkeit des Luftverkehrs, die beispielsweise, wie wir gesehen haben, die Betriebskosten der holländischen Linie Europa—Holländisch-Indien um 9% erhöht gegenüber dem direkten Weg über Kleinasien. Es besteht kein Zweifel, daß diese Länder mit der Zeit den Vorteil eines Anschlusses an das große Weltluftverkehrsnetz erkennen und ihre Sonderinteressen zurückstellen werden. Aber gerade in der Anlaufzeit des Luftverkehrs sind diese vielfach überspannten Sonderinteressen geeignet, der Luftfahrt zu schaden.

# III. Schlußfolgerungen.

Die Entwicklung des kontinentalen Luftverkehrs in den Hauptentwicklungszellen Europa und Nordamerika ist in ein Stadium der Sättigung und der Konsolidierung eingetreten. Die in ihm gesammelten wertvollen Erfahrungen des praktischen Betriebs bilden das Fundament zur Auslegung der transkontinentalen und transozeanen Luftverkehrsverbindungen für den Weltluftverkehr. Eine besondere Stärkung der hierzu notwendigen großen Aufbauarbeit ist in der Vereinheitlichung und der Zusammenfassung des Luftverkehrs in Großorganisationen zu suchen, wie sie sich vor allem in den Vereinigten Staaten von Amerika in besonderem Maße in letzter Zeit gebildet haben.

Zwei Entwicklungszellen, Europa und Nordamerika, sind in erster Linie am Aufbau des Weltluftliniennetzes beteiligt. Ihre Interessen berühren sich bereits stark in Südamerika und in den Anfängen auf der luftverkehrsgünstigsten Trennfläche beider Erdteile, dem Atlantischen Ozean. Außerhalb dieses Gebietes gemeinsamer Arbeit im friedlichen Wettbewerb sucht jeder von ihnen selbständig den asiatischen und afrikanischen Kontinent zu erschließen, je nachdem ihn sein machtpolitischer und wirtschaftlicher Wille hierzu besonders veranlaßt. Die Größe der eingesetzten Kräfte und die Ziele der Luftverkehrspolitik kennzeichnen die Bedeutung der Bestrebungen, mit denen Europa und Nordamerika das Weltluftverkehrsnetz zu schließen suchen.

An der Spitze aller im Interesse eines wirtschaftlichen Luftverkehrs notwendigen technischen und organisatorischen Maßnahmen steht heute noch die Verbesserung der Sicherheit. Vor allem ist es für Europa nach dem Beispiel der Vereinigten Staaten von Amerika von größter Wichtigkeit, daß in der Flugsicherung der Weg größter Einheit zu ihrem Ausbau beschritten wird, wenn Europa nicht im Aufbau der Luftlinien von Erdteil zu Erdteil durch Schwierigkeiten im eigenen Hause gehemmt sein will.

In der Leistungsfähigkeit und Wirtschaftlichkeit des Luftverkehrs sind bemerkenswerte Fortschritte insofern festzustellen, als in zunehmendem Maße die Einrichtung von Luftverkehrsverbindungen nach dem tatsächlichen Verkehrsbedürfnis für Post, Fracht und Personen erfolgte und damit dem Luftverkehr die Verkehrsbedienung zugewiesen wird, die in erster Linie zur Wirtschaftlichkeit führt.

Je mehr sich vom kontinentalen Luftliniennetz aus das transkontinentale Netz entwickelt, um so mehr ist der betriebs- und verkehrswirtschaftlich richtige Einsatz der Flugzeuge in Abhängigkeit von der Reichweite und dem Verkehrsaufkommen grundsätzlich zu verfolgen, damit ein Optimum an betrieblicher Ausnutzung der Flugzeuge erreicht und damit die Selbstkosten gesenkt werden. Hierzu wurden in der Abhandlung neue Wege gezeigt.

Noch sind die Hauptentwicklungszellen Europa und Nordamerika mit ihrem Luftliniennetz nicht völlig zusammengewachsen. Aber aus dem Umstand, daß sie sich bereits an wichtigen Punkten berühren, sollten schon jene Schlußfolgerungen gezogen werden, die bei anderen Verkehrsmitteln, die zusammenarbeiten mußten, zu internationalen Vereinbarungen führten. So wurden für die Eisenbahnen des europäischen Kontinents bereits in frühem Stadium ihrer Entwicklung internationale Abmachungen für eine Einheit in Bau, Betrieb und Verkehr getroffen. Wir wissen, daß im Luftverkehr Europas bereits Gleiches begonnen ist, wobei auch England, das in seiner Insellage bisher ein Eigendasein im kontinentalen europäischen Verkehrswesen führen konnte, beteiligt ist. Die internationalen Vereinbarungen im Luftverkehr müssen aber bald hinauswachsen über das Eigengebiet des Kontinents. Sie müssen der Verbindung der Kontinente durch den Luftverkehr früh genug dienen, damit möglichst bald in den technischen, betrieblichen, verkehrlichen und organisatorischen Grundlagen des Weltluftverkehrs eine Einheit und Zusammenarbeit zustande kommt, deren die Weiterentwicklung und Vollendung des Weltluftverkehrs dringend bedarf.

Alle Luftverkehrsgesellschaften arbeiten mit Ernst an dem Ziel, die Verkürzung des Raums auf dem Luftweg so billig und gut wie möglich zu machen. Wir müssen uns aber auf der anderen Seite darüber klar sein, daß hierzu noch viel Mühe und Arbeit und vor allen Dingen Zusammenarbeit zwischen Praxis und Wissenschaft nötig ist. Die Zeit, in der sie geleistet werden kann und muß, ist noch in keiner Weise überschritten, wenn wir die großen Fortschritte der letzten zehn Jahre im Luftverkehr in technischer, organisatorischer und wirtschaftlicher Hinsicht betrachten. Fast sind diese Fortschritte zu stürmisch gewesen, um das Zeitmaß der weiteren Entwicklung richtig einzuschätzen. Noch steht der Luftverkehr im Vorfeld seiner eigentlichen und größten Aufgabe, der Verbindung von Erdteil zu Erdteil. Dieses Ziel ist wegen seiner verkehrspolitischen und verkehrswirtschaftlichen Bedeutung würdig genug, in zäher Arbeit, begleitet von dem Schwung zur Tat, wie er bisher die Luftfahrt vorwärtsgetragen hat, errungen zu werden. Alle jene, die in der Luftfahrt Großes leisteten, die Führer der „Bremen", des Zeppelins und des Do X, Lindbergh, Balbo, sie alle führte auf lebensgefährlichen Wegen der Glaube an die Berufung ihres Landes und Volkes. Sie verkörperten die Synthese zwischen Geist und Materie und stellten das Irrationale der materiellen Zivilisation entgegen. Die Luftfahrt und insbesondere der Luftverkehr bedarf heute und in Zukunft dieser Synthese, nur durch sie wird der Luftverkehr vom nationalen Fundament seine Stellung im internationalen Gemeinschaftsleben erringen und behaupten können.

# Die Luftfahrt-Wirtschaft der Vereinigten Staaten von Amerika.

Die bedeutendsten Wirtschaftsgebiete der Erde, Europa und Nordamerika, sind im Begriff, von der Basis ihrer nationalen Luftverkehrseinheiten aus den Aufbau des Weltluftverkehrsnetzes durchzuführen. Beide stellen die Entwicklungszellen dar, von deren innerer·Spannkraft das Werden und Vollenden des Weltluftliniennetzes in erster Linie abhängig ist. Gleichsam planmäßig haben sowohl Europa wie die Vereinigten Staaten von Amerika im Ausbau und Betrieb ihrer kontinentalen Luftverkehrsnetze sich die Plattform geschaffen, von der aus sie fast gleichzeitig der luftverkehrstechnischen Überwindung des mit starken Verkehrsspannungen umsäumten Atlantik zustreben. Der Luftverkehr der Welt ist damit in die letzte und wichtigste Phase seiner Entwicklung eingetreten. An ihrer Schwelle mobilisieren machtpolitische und wirtschaftliche Motive Kräfte zu ihrer Vollendung, deren Einheit und Geschlossenheit im Handeln ebenso wichtig für das Endergebnis ist wie Zersplitterung und kleinlicher Einsatz.

Bei dieser Lage ist es für die Allgemeinheit besonders wertvoll, die Tatsachen, Stärke und Aussichten im nordamerikanischen Luftverkehr, wie er von der Luftfahrtwirtschaft der Vereinigten Staaten von Amerika präsentiert wird, zu erkennen und zu vergleichen mit dem Wollen und Können des europäischen Luftverkehrs. Es ist naturgemäß wenig wertvoll, diese Gegenüberstellung ohne nähere Kenntnis und Beobachtung der in Nordamerika lebendigen Triebkräfte im Luftverkehr vorzunehmen. Denn wie bei den Eisenbahnen und Kraftwagen in den Vereinigten Staaten von Amerika ganz bestimmte Grundeigenschaften des Landes, der Wirtschaft und des Volkes die Ausgestaltung und den Betrieb dieser Verkehrsmittel in charakteristischer Weise beeinflußten, so steht auch der amerikanische Luftverkehr in mancher Hinsicht unter Bedingungen, wie sie für Europa nicht vorliegen. Ob sie nun günstiger oder ungünstiger gelagert sind als bei uns, in beiden Fällen ist es für die Entwicklung des deutschen und europäischen Luftverkehrs von ganz besonderer Bedeutung, die Unterschiede zu analysieren und auszuwerten. Wenn wir feststellen, daß im Jahre 1930 in den Vereinigten Staaten von Amerika das planmäßig beflogene Luftverkehrsnetz bereits 31%, die geleisteten Flug-km aber 61% der Welt betrugen und im Flugpostverkehr 6 mal so viel Tonnen und im Passagierverkehr 2,5 mal so viel Reisende befördert wurden als in der übrigen Welt, so ergibt sich schon allein aus diesen Zahlen, wie wichtig eine aufmerksame Beobachtung der amerikanischen Luftverkehrsverhältnisse und eine Untersuchung ihrer Erscheinungsmerkmale ist. Diese Untersuchung erscheint um so wichtiger für Europa, als der Luftverkehr Amerikas vielfach eigene Wege gegangen ist und sich ferngehalten hat von der mannigfach verschlungenen Problematik im luftverkehrstechnisch so uneinheitlichen Europa. Amerika weiß die Mittel auf seiner Seite, mit denen es sich dieser Problematik entziehen kann.

Eine dreimonatliche Studienreise nach den Vereinigten Staaten von Amerika und Kanada gab mir im Herbst 1930 Gelegenheit, die Entwicklungsmerkmale des amerikanischen Luftverkehrs im Osten, in der Mitte und im Westen des Landes eingehend kennen zu lernen. Auf Grund eigener Anschauung und enger persönlicher Fühlungnahme mit den maßgebenden Stellen des amerikanischen Luftverkehrs, wie Staat, Industrie, Luftverkehrsgesellschaften und Wissenschaft soll die nachstehende Untersuchung sich mit den Grundlagen des nordamerikanischen Luftverkehrs befassen.

Ausgehend von den verkehrspolitischen und wirtschaftlichen Grundbedingungen für die Bedürfnisse im Luftverkehr sollen Lage und Stand der Luftfahrtwirtschaft in Industrie und Verkehr charakterisiert werden. In einer besonderen Abhandlung dieses Heftes werden die Flughäfen in den Vereinigten Staaten von Amerika in Ausgestaltung, Betrieb und Wirtschaftlichkeit mit den Flughäfen Europas verglichen werden. In einem später herauskommenden Heft 5 der „Forschungsergebnisse" soll dann als Abschluß der Studien über den amerikanischen Luftverkehr das Problem des europäischen und amerikanischen Flugsicherungsdienstes als einer der wichtigsten Faktoren für einen sicheren und leistungsfähigen Luftverkehr auf den kontinentalen und transkontinentalen Linien behandelt werden.

# I. Die Entwicklungsgrundlagen des Luftverkehrs in den Vereinigten Staaten von Amerika.

### 1. Verkehrspolitische und wirtschaftliche Grundlagen.

Die wirtschaftliche Gestaltung der verschiedenen Gebiete der Vereinigten Staaten von Amerika, die die 1,2fache Flächengröße von Europa ohne Rußland haben, hat noch völlig dynamischen Charakter. Während der Osten einen gewissen Grad wirtschaftlicher Sättigung und Vollendung erreicht hat, sind die Mitte und der Westen noch im starken Aufbau begriffen. Dabei ist die Verteilung der einzelnen Wirtschaftszweige über das ganze Land für die wirtschaftliche Einheit der Vereinigten Staaten von Amerika überaus günstig. Keiner der drei Bezirke ist im Grunde in der Lage, eine völlig selbständige Entwicklung auf Grund umfassender guter wirtschaftlicher Bedingungen aufzunehmen, sondern sie alle sind wirtschaftlich voneinander abhängig. So liegt im Ostbezirk die große wirtschaftliche Kraft, die den beiden anderen Bezirken die finanziellen Hilfen, die Handelsorganisation und den Anschluß an den Weltmarkt in der ersten Zeit zur Verfügung stellte. Die Mitte umfaßt die großen Ebenen des Mississippigebietes, die Korn- und Fleischkammer Amerikas und der Welt, der Westen eine hochentwickelte Landwirtschaft, Industrie und fast un-

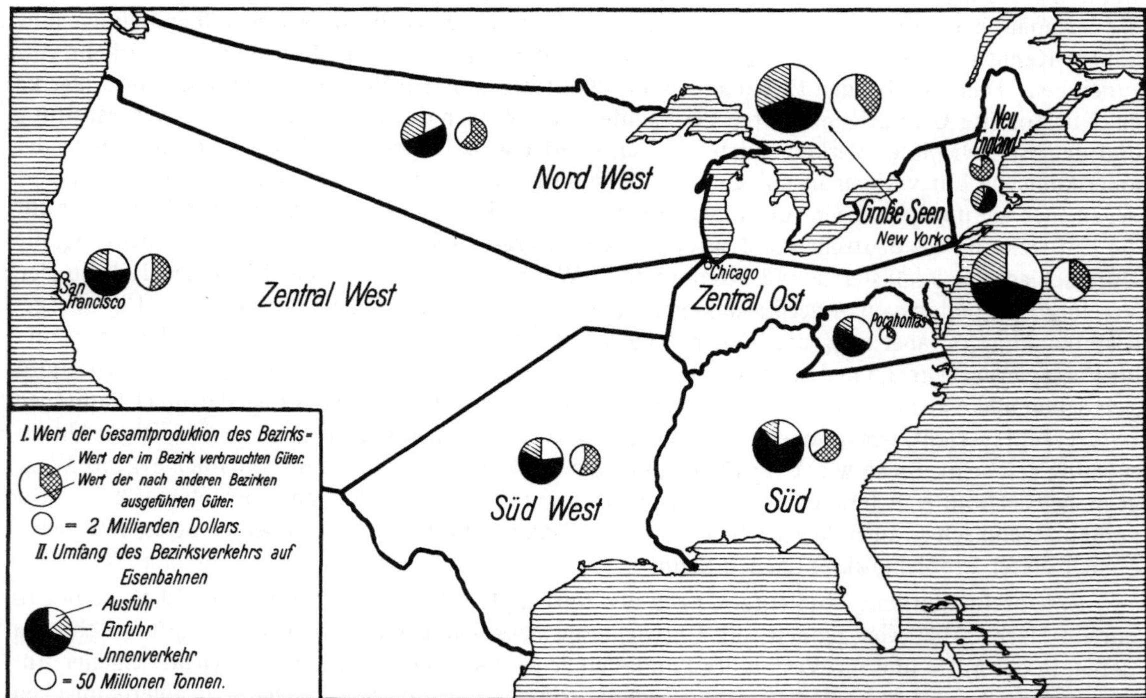


Abb. 9. Umfang und Ausgleich der Güterproduktion in den Vereinigten Staaten von Amerika, getrennt nach den acht Verkehrsbezirken im Jahre 1928.

erschöpfliche Waldbestände. Der Westen hat weiterhin die Aufgabe übernommen, im Sinne der amerikanischen Wirtschaftspolitik die Brücke zu bilden zur wirtschaftlichen Erschließung Asiens über den Pazifischen Ozean. So spannt sich in geschlossener politischer Einheit von Osten nach Westen ein eng geflochtenes Band allgemeinwirtschaftlicher Zusammengehörigkeit, von dem aus die immer stärker werdenden Fäden zur Beherrschung der Weltwirtschaft durch den amerikanischen Markt von einer Hand, der zielbewußten amerikanischen Wirtschaftspolitik, gezogen werden. Durchdrungen von dem Streben, von der nationalen Wirtschaft aus diesen Prozeß sich vollziehen zu lassen, haben die Vereinigten Staaten von Amerika in erster Linie eine straffe Zusammenfassung von Osten, Mitte und Westen als ihr wirtschaftspolitisch wichtigstes Ziel verfolgt. Es gelang ihnen, allerdings im Tempo durch den Weltkrieg beschleunigt, in einigen Jahrzehnten vom Schuldner zum Gläubiger der übrigen Welt, vor allem auch Europas zu werden.

Tabelle 14. **Gesamte Güterproduktion in den Vereinigten Staaten von Amerika im Jahre 1927 (in 1000 Dollar).**

| | Westen | % | Mitte | % | Osten | % |
|---|---|---|---|---|---|---|
| Bergbau . . . . . . . . . . | 904 809 | 16,3 | 1 789 635 | 32,7 | 2 790 325 | 51,0 |
| Industrie . . . . . . . . . . | 1 655 793 | 6,2 | 3 705 274 | 13,8 | 21 368 821 | 80,0 |
| Landwirtschaft . . . . . . . | 1 304 035 | 8,8 | 5 933 470 | 40,6 | 7 402 490 | 50,6 |
| Forstwirtschaft . . . . . . . | 600 000 | 31,2 | 550 000 | 28,6 | 775 000 | 40,2 |
| Gesamt . . | 4 464 637 | 9,0 | 11 978 379 | 24,6 | 32 336 636 | 66,4 |

Wie die produktiven Kräfte in den Vereinigten Staaten von Amerika sich regional auf die drei Hauptbezirke Osten, Mitte und Westen verteilen, ist aus Tabelle 14 zu ersehen. Der Osten liegt mit 66,4% an weitaus erster Stelle, die Mitte mit 24,6% in starkem Entwicklungsprozeß und der Westen mit 9,0% im Anfangsstadium seiner Entwicklung. Der Osten leiht und gibt der Mitte und dem Westen die Kraft, die in ihnen noch schlummernden Werte zu wirtschaftlicher Entfaltung zu bringen. In der Mitte liegt im Süden als jüngstes und aussichtsreichstes Gebiet Texas, das unter der üppig spendenden Sonne des Südens und den Aussichten auf Reichtum ein neues Zusammenrücken von Mensch und Erde anzubahnen beginnt. Im Westen ist eine überaus glückliche und anziehende Kreuzung von fernem Westen und Osten, die alle Eigenarten als Mittler zwischen Amerika und Asien aufweist.

Haben wir so zwar kein homogenes, aber doch stark aufeinander angewiesenes Gebilde im Staatenkomplex der Vereinigten Staaten von Amerika vor uns, so sind seine Beziehungen nach dem Ausland um so einheitlicher geformt. Nach Südamerika, das immer mehr in eine wirtschaftliche Abhängigkeit von Nordamerika gerät, und neuerdings auch nach Südafrika, dem bisher ureigensten Gebiet englischen Einflusses, haben die Vereinigten Staaten von Amerika ihre Handelsbeziehungen aufgenommen. Über den Pazifik spannt sich das wirtschaftliche Band nach Japan, China und Rußland, und über dem Nordatlantik liegt, schon gefestigt, die enge Verflochtenheit amerikanischer Goldmacht mit Europa. So gehen nach allen Seiten mehr oder weniger ausgebaute weltwirtschaftliche Beziehungen, die auf große Entfernungen amerikanische Handelsinteressen verfolgen sollen.

So ist das innen- und außenwirtschaftlich orientierte Bild eines Landes, das nun seit vier Jahren den Luftverkehr aus den Bedürfnissen der einzelnen Landesteile heraus entwickelt. Wo auf der ganzen Welt ist ein Staatsgebilde, das in dieser großen politischen Einheit alle Mittel moderner Wirtschaft in sich vereinigt und sie zu einer Entfaltung gebracht hat, die derjenigen im politisch stark zerrissenen Europa in keiner Weise nachsteht, sondern sie in mancher Hinsicht übertrifft? Das einzige vielleicht, was im großen amerikanischen Raum die Bewegungs- und Entwicklungsfreiheit aller im Lande liegenden Kräfte noch beeinträchtigte, waren die großen Entfernungen von 5000 km zwischen der Ost- und Westküste und von 3000 km zwischen Nord- und Südgrenze, die die Geschäfts- und Handelsbeziehungen schwierig gestalteten. Nun steht die Flugzeuggeschwindigkeit zur Verfügung, die die zusammenstrebenden und aufeinander angewiesenen Gebiete örtlich auf ¼ der bisherigen Zeit näher zu bringen vermag. In dieser Umschichtung liegt in erster Linie das Geheimnis für den gewaltigen Aufschwung des Luftverkehrs in den Vereinigten Staaten. Er dient dem ureigensten Bedürfnis des Landes und schließt eine Lücke, die bisher noch Osten und Westen voneinander trennte. Darüber hinaus wird die Weltwirtschaftspolitik der Vereinigten Staaten von Amerika in ihren räumlich weit gesteckten Zielen bestrebt sein, sich des Luftverkehrs auch in den Auslandsbeziehungen zu bedienen. So gaben die großen Raumweiten, sowie die finanziellen und wirtschaftlichen Kräfte der Vereinigten Staaten von Amerika eine vorzügliche Grundlage für eine Entwicklungsarbeit zum wirtschaftlichen Luftverkehr, deren Erfolg oder Mißerfolg geradezu über das Schicksal des Luftverkehrs überhaupt entscheiden wird.

Richtung und Umfang der bisherigen Verkehrsbeziehungen der Vereinigten Staaten von Amerika, die dem Ausgleich der Güterproduktion nach innen und außen durch Eisenbahnen, Binnenwasserstraßen und Seeschiffahrt entsprechen, werden in erster Linie auch Richtung und Bedeutung der innen- und außenstaatlichen Luftverkehrslinien bestimmen. Denn in den von den bisherigen Verkehrsmitteln geschaffenen Verkehrsströmen von Personen, Gütern und Nachrichten liegen auch die Quellen für den Bedarf nach Transport auf dem Luftweg, wie ihn in erster Linie Post, hochwertiges Gut und der Geschäftsverkehr erzeugen.

In Abb. 9 ist zunächst der Umfang des Wertes der Güterproduktion für die 8 Verkehrsbezirke der Vereinigten Staaten von Amerika im Jahre 1928 dargestellt und unterteilt nach dem Wert der in jedem Bezirk verbrauchten und nach anderen Bezirken ausgeführten Waren. In dem verhältnismäßig großen Anteil des Werts der ausgeführten Waren, der zwischen 40 bis 60% des gesamten Produktionswertes des Bezirkes schwankt, liegt ein Kriterium für die enge wirtschaftliche Verbundenheit der Bezirke und ihr starkes Bedürfnis für den Güterausgleich durch Verkehrsmittel. Soweit diese Verkehrsarbeit durch den Hauptverkehrsträger, die Eisenbahnen, geleistet wurde, sind die von ihnen im Jahre 1928 beförderten Tonnen in der gleichen Abbildung für die verschiedenen Verkehrsbezirke neben den Produktionswert gestellt und ebenfalls nach Innenverkehr (Empfang + Versand), Einfuhr und Ausfuhr getrennt. Wir sehen, daß auch im Transportumfang die Ein- und Ausfuhr der Bezirke einen Anteil von 35 bis 60% des gesamten Gütertransportes des Bezirks ausmacht, wobei sich bei der Größe der Bezirke große Transportweiten für die beförderten Güter ergeben, die 3 mal so groß sind als die Transportweiten für Güter in Deutschland. In Anbetracht dessen, daß die Aus- und Einfuhr Deutschlands, so weit sie von den Eisenbahnen durchgeführt wird, nur 5% des gesamten Gütertransports (Empfang + Versand) beträgt, erkennen wir weiter aus Abb. 9, eine wie starke, durch Verkehrsmittel zu unterhaltende und zu fördernde wirtschaftliche Verbundenheit zwischen den großen Bezirken der Vereinigten Staaten von Amerika liegt. Diese Verbundenheit erhält im Luftverkehr für bestimmte Verkehrsarten neue Möglichkeiten zur schnellen Überwindung der Distanz, sie wird ihn in besonderem Maße bevorzugen.

Im einzelnen läßt sich in Abb. 9 der Güteraustausch zwischen den verschiedenen Bezirken nicht übersichtlich darstellen. Dagegen ist in Abb. 10 der Güteraustausch auf Eisenbahnen zwischen den drei Hauptverkehrsgebieten Osten, Süden und Westen veranschaulicht. Auch hier sind zunächst für jedes der drei Gebiete der Innenverkehr (Empfang + Versand), die Ausfuhr und die Einfuhr dargestellt und das verkehrstechnische Zusammenarbeiten der drei Gebiete ist durch Verkehrsströme erfaßt. Wir erkennen die starken Verkehrsströme zwischen dem Ostgebiet einerseits und dem Süd- und Westgebiet anderseits, während zwischen dem Südgebiet und dem Westgebiet erheblich schwächere Verkehrsbeziehungen bestehen. Hinzu kommt für den Verkehr zwischen dem Ost- und Westgebiet noch der Verkehr, der zwischen beiden Bezirken durch den Panama-Kanal läuft, der in der Abbildung ebenfalls eingezeichnet ist und naturgemäß in gleicher Weise wie der Eisenbahnverkehr die geschäftlichen Beziehungen zwischen Osten und Westen besonders stark knüpft. Der Güteraustausch zwischen Osten und Westen besteht ostwärts in Früchten, Holz, Vieh und Erzen, westwärts in Halbfabrikaten, Autos und Textilien. Wenn diese Güter auch nicht unmittelbar für den Lufttransport in Frage kommen, so bietet aber die Größe ihres Austausches eine besonders breite Grundlage für den Handels- und Geschäftsverkehr zwischen den beiden Gebieten, in dem der Luftverkehr seine stärksten Wurzeln finden kann.

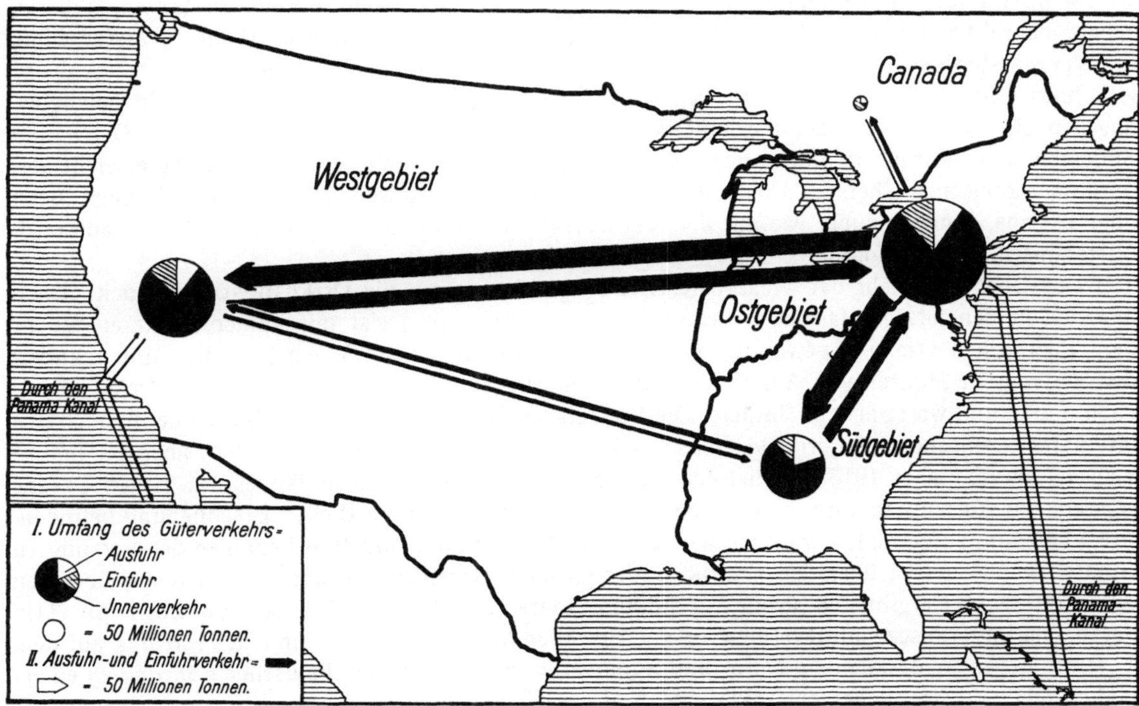



Abb. 10. Innen- und Außenverkehr in der Güterbeförderung auf Eisenbahnen für die drei Hauptverkehrs-gebiete der Vereinigten Staaten von Amerika im Jahre 1928.

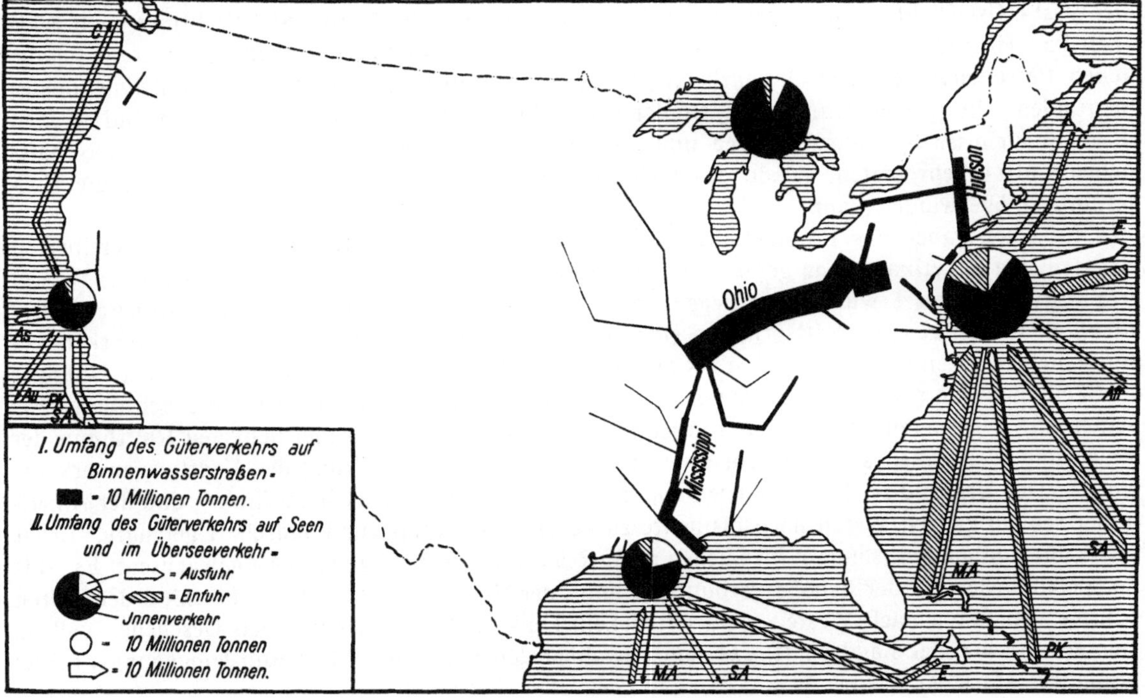



Abb. 11. In- und Auslandverkehr in der Güterbeförderung auf Binnenwasserstraßen und Seen sowie im Überseeverkehr in den Vereinigten Staaten von Amerika im Jahre 1928.

Während für die Verkehrsströme im Innenverkehr die Eisenbahnen den besten Maßstab geben, charakterisieren die Verkehrsströme im Seen- und Seeschiffahrtsverkehr in erster Linie die Verkehrsbeziehungen der Vereinigten Staaten von Amerika nach dem Ausland. Abb. 11 gibt hierzu einen Überblick. Der Verkehr der Binnenwasserstraßen ist verhältnismäßig belanglos, dagegen gibt der Verkehr der nordamerikanischen Seen und der Überseeverkehr dem Osten und Südosten eine weitaus dominierende Stellung gegenüber dem Westen. Das Schwergewicht des nordamerikanischen Überseeverkehrs liegt über dem Atlantik und weist dabei nicht allein nach Osten oder Europa, sondern auch, wie aus den Verkehrsströmen zu erkennen ist, in starkem Maße nach Mittelamerika und Südamerika.

Der Überseeverkehr der Westküste tritt zwar heute gegen die Ostküste stark zurück. Doch hat sich in den letzten Jahren amerikanischer Unternehmungsgeist mit immer stärkerer Wucht dem Pazifischen Ozean zugewandt. Von den 10 Ländern, die am Wachstum des Außenhandels der Vereinigten Staaten von Amerika beteiligt sind, liegen 7 innerhalb einer Linie von Neuseeland nach Japan und westwärts bis Indien. Die Vereinigten Staaten von Amerika führen heute nach den lateinamerikanischen Ländern $2\frac{1}{2}$ mal so viel, nach den fernen östlichen Ländern aber $4\frac{1}{2}$ mal so viel aus als im Jahre 1913. Berücksichtigt man, daß die meisten Randländer des Stillen Ozeans sich erst im Anfangsstadium ihrer Modernisierung und weltwirtschaftlichen Erschließung befinden, so ist es kaum zu gewagt, vorauszusagen, daß mit der Zeit die Handelsbeziehungen der Vereinigten Staaten von Amerika über den Pazifik zu der gleichen Bedeutung gelangen werden wie über den Atlantik. Daraus ergibt sich für die Vereinigten Staaten von Amerika eine Luftverkehrspolitik, deren Ziel im Transozeanluftverkehr in der Erschließung des Atlantiks und des Pazifiks auf dem Luftweg liegen wird, nachdem Nord- und Südamerika unter nordamerikanischer Führung zu einem einheitlichen Luftverkehrsgebiet verbunden sind.

## 2. Verkehrswirtschaftliche Grundlagen.

Aus der Betrachtung der Güterverkehrsströme im Eisenbahn- und Überseeverkehr ergibt sich als charakteristische Orientierung der Luftverkehrslinien im innerstaatlichen Verkehr der Vereinigten Staaten von Amerika die Ost-West-Richtung und im außenstaatlichen Verkehr die West—Ost-Richtung über den Atlantik und Pazifik und die Nord—Süd-Richtung nach Südamerika. Hier werden die stärksten Bedürfnisse im Post- und Frachtverkehr sowie im geschäftlichen Personenverkehr die Daseinsberechtigung eines großzügigen Ausbaus des Luftliniennetzes begründen. Die großen Raumweiten, auf denen dem Luftverkehr hier Aufgaben gestellt sind, werden diese Bedürfnisse besonders anregen und die günstigsten Voraussetzungen für einen wirtschaftlichen Luftverkehr bieten, sobald das technische Instrument sicher und leistungsfähig die Entfernungen überwinden kann.

Es würde aber das Problem des Verkehrsbedürfnisses im Luftverkehr in den Vereinigten Staaten von Amerika zu eng gefaßt sein, wenn es allein aus den bisherigen Strömen des Güterverkehrs abgeleitet würde. Es liegen besondere Gründe vor, auch den Personenverkehr, nicht allein den aus Geschäftsgründen sich ergebenden, auf seine Bedeutung im Luftverkehr zu untersuchen. Wenn die Zivilisation als Haupterscheinung den Verkehr aufweist, der der Nutzung der Zeit dient, so sind es die Bewohner der Vereinigten Staaten von Amerika, die sich dieser Erscheinung am meisten unterworfen und angepaßt haben. Der Amerikaner liebt den Rhythmus der Bewegung, der seinen stärksten Ausdruck in der gewaltigen Entfaltung des Kraftwagenverkehrs findet. Der Urgrund zu dieser Erscheinung ist wohl in erster Linie darin zu finden, daß der Amerikaner seinem ganzen Wesen nach bis heute zu keinem Verhältnis zur Landschaft gelangte. Er ist nicht mit und aus ihr, sondern im Suchen nach Reichtum und Erfolg gegen sie gewachsen. Es fehlt der persönliche, mit der Scholle verbundene Sinn, der sich in dem schnellen Aufschluß der weiten Räume von Osten nach Westen nicht entwickeln konnte. Im wirtschaftlichen Geschehen vollzog sich ein Sterben der Landschaft, das dem Bewohner den Sinn und Willen zum Umgebungswechsel besonders stark einprägte.

Wir müssen diese psychologische Seite des amerikanischen Verkehrslebens besonders stark würdigen, wenn wir den gewaltigen Verkehrsumfang im Personenverkehr der Eisenbahnen und

Kraftwagen richtig in seinen Motiven beurteilen wollen. Dieser Sinn zur Dynamik im Leben wird nicht zuletzt in dem die Entfernung mindernden Luftverkehr eine Auslösung suchen. Sobald der Luftverkehr in den Vereinigten Staaten von Amerika mit hinreichender Sicherheit, Bequemlichkeit und großer Schnelligkeit dem Personenverkehr besondere Anreize zu bieten vermag, wird der Amerikaner in ihm ein besonders wertvolles Mittel sehen, sich aus den organisierten Kanälen des Geschäftslebens loszulösen und hinauszugehen in den Raum freier, großartiger amerikanischer Natur, wie sie heute noch insbesondere in den 20 Naturparks der Rocky Mountains geboten wird. Das sind zwar besonders wichtige Motive für die Entwicklung des privaten Luftverkehrs, aber auch der planmäßige Luftverkehr wird ihnen dienen können. So liegt zweifellos in der Mentalität des Amerikaners ein besonders starker Zug zur Ausnutzung der durch das Luftfahrzeug gebotenen hohen Reisegeschwindigkeit nicht allein für geschäftliche Zwecke, sondern auch für sein persönliches Wohlbefinden und die Befriedigung seiner Veranlagung, in der Bewegung und Ortsveränderung einen besonderen Genuß zu finden. Dieses amerikanische Verkehrsempfinden wird mittelbar auch zu einer hohen Einschätzung des Luftverkehrs für den schnellen Transport von Post und Fracht führen.

Auf diesen Grundlagen wirtschaftlicher und persönlicher Art mußten die Luftfahrt-Industrie und der Luftverkehr einen guten Nährboden für ihre Entwicklung finden, deren Verlauf und kritische Beurteilung von besonderer Bedeutung für die Aussichten und Ziele des Weltluftverkehrs sind.

## II. Die Luftfahrt-Industrie.

### 1. Produktion und Preislage der Flugzeuge.

Die Luftfahrt-Industrie hat erst lange Zeit, nachdem in Europa und vor allem in Deutschland bereits ein verhältnismäßig reger Luftverkehr betrieben wurde, sich vom Militärflugzeugbau dem Bau von Zivilflugzeugen zugewandt. Es bedurfte der die amerikanische Öffentlichkeit ungewöhnlich aufregenden Tat Lindberghs zum Flug von New York nach Paris im Jahre 1927, um mit einem Schlag Interesse an der Zivilluftfahrt zu wecken. Lindberghs Flug traf die Amerikaner an ihrer empfindlichsten Stelle, in ihrem Sinn für alles Außergewöhnliche, und entfachte damit eine stürmische Entwicklung im Luftverkehr. Führende Männer der Wirtschaft erkannten die praktische Bedeutung der Möglichkeiten für die Ausnutzung der Flugzeuge im amerikanischen Wirtschaftsleben. Über Nacht wurden Gesellschaften zum Bau von Flugzeugen gegründet, man glaubte ein neues Phänomen nach Art der Entwicklung des Autos entdeckt zu haben und ging nun mit beispielloser Energie zur Tat über. Gute und schlechte Flugzeugfabriken wuchsen überall gleichsam aus dem Boden, und bis zum Jahre 1929 stieg die Entwicklungskurve der jährlich erzeugten Flugzeuge immer steiler an. Aber im Jahre 1930 ließ mit dem Beginn der wirtschaftlichen Depression die Nachfrage in geradezu überstürzender Weise nach. Diese Erscheinung traf die Fabriken in einer Zeit, als die besten und größten sich auf Serienfabrikation umgestellt und eingerichtet hatten. Der Rückschlag war um so empfindlicher, als die Fabriken sich besonders auf den Bau von Privatflugzeugen und weniger auf den von Flugzeugen für den planmäßigen Luftverkehr eingestellt hatten. Der Privatluftverkehr folgte am stärksten der rückläufigen Tendenz im Wirtschaftsleben, da seine hohen Kosten in der Vermögenslage des Privatfliegers nun keine genügende Deckung mehr fanden. Es entfielen im Jahre 1929 90% aller zugelassenen Flugzeuge in den Vereinigten Staaten von Amerika auf den privaten Luftverkehr.

Zu dem wirtschaftlichen Rückschlag trat der Umstand, daß in der Privatluftfahrt sehr viel Unglücksfälle vorkamen, weil die Flugschulung und die Flugsicherung, die dieser schnellen Entwicklung des Luftverkehrs unmöglich folgen konnten, noch nicht genügend waren. So entfielen im ersten Halbjahr 1930 im Privatluftverkehr auf einen Unfall mit tödlichem Ausgang oder schwerer Verletzung 359 000 Flugmeilen gegenüber 2 870 000 Flugmeilen im planmäßigen Verkehr, so daß letzterer eine nahezu neunmal so große Sicherheit gegenüber dem Privatluftverkehr aufwies. Es trat ein, was eintreten mußte; man benutzte ein technisches Instrument für Privatzwecke zur Ortsveränderung, dessen Sicherheit noch in starkem Aufbau und noch nicht vollendet war, und schadete damit der Entwicklung mehr als durch das an der Börse verlorene Geld. Der Bedarf an Privatflugzeugen sank auf ein Minimum, so daß der Produktionswert der im Jahre 1930 hergestellten Flugzeuge für die Zivilluftfahrt nur 75 Millionen Mark oder ein Drittel des Jahres 1929 betrug.

Die Flugzeugindustrie ist heute übersättigt mit großen Beständen an Privatflugzeugen, ohne daß vorläufig Aussicht auf Absatz besteht, während der planmäßige Luftverkehr, der in steigender, vorsichtiger Entwicklung ist, der Industrie eine gewisse Beschäftigung gibt. Der Umschwung hat naturgemäß dazu geführt, daß nun Privatflugzeuge um jeden Preis verkauft werden müssen und zum Nachteil der europäischen Industrie auf den Absatzmarkt drücken. In Tabelle 15 sind die Flugzeugpreise für 1 kg Zuladung im Jahre 1930 in den Vereinigten Staaten von Amerika und Europa unter Ausschaltung der zu herabgesetzten Preisen angebotenen Kleinflugzeuge in Amerika gegenübergestellt. Während die kleinen Privatflugzeuge bis zu 500 kg Zuladung sich in beiden Gebieten auf fast gleicher Preishöhe bewegen, liegen für die mittleren Größen zum Teil erhebliche Unterschiede vor. Die vergleichsweise hohen Einheitspreise in England und den Vereinigten Staaten von Amerika für Verkehrsflugzeuge sind im wesentlichen auf die vom Standpunkt der Sicherheit und der Erhöhung der Geschwindigkeit berechtigten größeren Motorstärken zurückzuführen, und auch wohl darauf, daß die aerodynamisch gut durchgebildeten deutschen Typen zum Teil geringere Baukosten für die Zuladungseinheit erfordern. Auffallend ist die gute Preislage deutscher Typen trotz Fehlens des in allen anderen Ländern finanziell entlastend wirkenden Militärflugzeugbaus.

**Tabelle 15. Durchschnittliche Flugzeugpreise in den Vereinigten Staaten von Amerika und Europa im Jahre 1930.**

| Land | Durchschnittlicher Preis in RM. für 1 kg Zuladung bei einer Zuladefähigkeit von | | | |
|---|---|---|---|---|
| | über 2000 kg | 1000 bis 2000 kg | 500 bis 1000 kg | unter 500 kg |
| 1 | 2 | 3 | 4 | 5 |
| Vereinigte Staaten von Amerika . . . . . . . . | 97 | 88 | 85 | 50 |
| Deutschland . . . . . . . . . . . . . . . . . | 107 | 70 | 61 | 45 |
| Frankreich . . . . . . . . . . . . . . . . . | 55 | 51 | 43 | 38 |
| England . . . . . . . . . . . . . . . . . | 110 | 80 | — | 52 |

Die augenblickliche Beschäftigung der amerikanischen Flugzeug-Industrie ist allgemein sehr zurückgegangen. Sie wird gestützt durch erhöhte Militäraufträge, die im Jahre 1929 nur 11,4%, aber im Jahre 1930, wie Tabelle 16 zeigt, 25% der Gesamtzahl der gebauten Flugzeuge und 28% des Wertes der Flugzeugproduktion ausmachten. Tabelle 16 gibt die wirtschaftlichen Grundlagen und Ergebnisse der Flugzeugproduktion in den Vereinigten Staaten von Amerika im Jahre 1930 wieder. Die Produktion ist dem gegenwärtigen Bedarf angepaßt. Darüber hinaus konnten noch in geringem Maße Restbestände der Vorjahre abgesetzt werden, wobei sich jedoch die bisherige Überproduktion noch drückend auf die finanziellen Ergebnisse des Absatzes auswirkte. Klar ersichtlich ist ferner der positive Einfluß der Militärluftfahrt auf die wirtschaftliche Entwicklung der Industrie und in weiterer Folge auf die der Zivilluftfahrt selbst. Der dauernde feste Bedarf an hochwertigen Maschinen für militärische Zwecke mit nahezu 2 bis 3 mal größerer Werteinheit als die der Verkehrsflugzeuge ermöglicht es der Industrie, auf Grund konstanter Aufträge einen großen Teil der gesamten Betriebskosten diesen Lieferungen aufzubürden und dadurch der Zivilluftfahrt günstige Preisgestaltung zu bieten.

**Tabelle 16. Produktion und Absatz in der Flugzeug-Industrie der Vereinigten Staaten von Amerika im Jahre 1931.**

| | Zivilluftfahrt | | | | | | Militärluftfahrt | | | | | | Gesamtwert in Mill. RM. |
|---|---|---|---|---|---|---|---|---|---|---|---|---|---|
| | Zellen | | | Motoren | | | Gesamtwert für Zivilluftfahrt Mill. RM. | Zellen | | | Motoren | | Gesamtwert für Militärluftfahrt Mill. RM. | |
| | Zahl | Wert Mill. RM. | Wert je Einheit RM. | Zahl | Wert Mill. RM. | Wert je Einheit RM. | | Zahl | Wert Mill. RM. | Wert je Einheit RM. | Zahl | Wert Mill. RM. | Wert je Einheit RM. | |
| Produktion | 1 908 | 45,5 | 23 900 | 1931 | 26,4 | 13 700 | 71,9 | 644 | 41,7 | 64 800 | 1829 | 44,9 | 24 600 | 86,6 | 158,5 |
| Absatz | 2 999 | 48,5 | 21 100 | 1988 | 26,8 | 13 500 | 75,3 | 674 | 41,7 | 61 800 | 1829 | 44,5 | 24 400 | 86,2 | 161,5 |

Vom Standpunkt eines wirtschaftlichen Luftverkehrsbetriebs hat der Flugzeugbau in Amerika erhebliche Fortschritte gemacht. Bei Neukonstruktionen hat sich die Metallverwendung in der Herstellung der Zelle immer mehr durchgesetzt und eine Vervollkommnung der Stromlinienführung führte nicht allein zu auffallend eleganten Konstruktionen, wie die Typen Lockheed und Northrop zeigen, sondern gestattete auch eine weitere Steigerung der Geschwindigkeit. Letztere wurde durch Anwendung eines einziehbaren Fahrgestells bei verschiedenen Typen noch besonders günstig gestaltet.

Die amerikanische Flugzeug-Industrie, die örtlich über das ganze Land verteilt ist, stellt fortlaufend Erhebungen an über die W ü n s c h e des Publikums in bezug auf verkehrstechnisch wichtige Eigenschaften der für Privatzwecke zu bauenden Flugzeuge. Sie folgt damit einem Prinzip, das früher die Kraftwagen-Industrie in so enge Verbindung mit den Wünschen der Käuferkreise brachte und nicht zum wenigsten die beispiellose Entwicklung des Kraftwagenverkehrs in den Vereinigten Staaten von Amerika gefördert hat. Diese Umfragen werfen interessante Schlaglichter auf das, was der Amerikaner am Flugzeug liebt und von ihm verlangt, wenn er ein eigenes Flugzeug sich anschaffen will. Die letzte große Erhebung im Jahre 1929 ergab, daß die Mehrzahl derer, die Interesse am Besitz eines Flugzeugs haben, 3—4-Sitzer wünschen mit geschlossener Kabine, einem Motor von 150—200 PS und Geschwindigkeiten von 200 km/h und mehr.

Eine besondere Stellung nimmt in der amerikanischen Luftfahrt-Industrie der Bau von Luftschiffen ein. Die Zeppelin-Goodyear-Gesellschaft in Acron betreibt mit allen Mitteln die zum Herbst 1931 angestrebte Fertigstellung des im Bau befindlichen Luftschiffs Bauart Zeppelin neben der Herstellung kleinerer Typen, die für Sonderflüge im Osten der Vereinigten Staaten von Amerika sich einer besonderen Beliebtheit erfreuen. Wenn auch die großen Luftschiffe zunächst für militärische Zwecke gebaut werden, so besteht doch kein Zweifel, daß, wenn sie sich bewähren, sie auch für den Transozeanluftverkehr ausgewertet werden.

## 2. Finanzielle Lage.

Über das Kapital und den finanziellen Abschluß der Flugzeugfabriken im Jahre 1930 liegen noch wenige Zahlen vor. Immerhin läßt Tabelle 17 im Vergleich der Jahre 1929 und 1930 ein aus der wirtschaftlichen Depression sich ergebendes, durchweg starkes Nachlassen günstiger Ergebnisse erkennen. Vor allem gibt sie wertvolle Erkenntnisse über das in der Luftfahrt-Industrie bereits investierte Anlagekapital, wobei allerdings in den Holding-Gesellschaften auch Anlagen für Flughäfen und den Flugbetrieb, vor allen Dingen bei der Curtiss Wright-Gesellschaft enthalten sind.

Der Rückschlag des Jahres 1930 führte zu einer Rationalisierung und Konsolidierung der Luftfahrzeug-Industrie, indem nur bewährte und gut fundierte Gesellschaften die Krise überstanden. Diese Bereinigung der starken Überdimensionierung der Produktion wird ihre wertvolle Auswirkung für die Zukunft nicht verfehlen. Den Fehler einer zu starken Außerachtlassung verkehrstechnischer Gesichtspunkte, wie sie in dem Mangel an genügenden Voraussetzungen für die Sicherheit im Privatluftverkehr zu erblicken war, hat die amerikanische Luftfahrzeug-Industrie mit hohen Verlusten bezahlen müssen. Das dürfte für die Maßnahmen zur Förderung des Privatluftverkehrs in Europa nicht unwichtig sein.

Der große Entwicklungsschwang, der die Produktion von Verkehrsflugzeugen bis 1930 beherrschte, eilte zweifellos zu schnell dem Bedarf und der vollendeten Brauchbarkeit des technischen Instruments im Dienste des Verkehrs voraus. Auch ohne die wirtschaftliche Depression des Jahres 1930 hätte sie nicht das Tempo beibehalten können, wie es sich im Jahre 1929 abzeichnete, da die Voraussetzungen der betriebssicheren Führung des Flugzeugs im Luftverkehrsbetrieb nicht so schnell geschaffen werden konnten. Diese betriebssichere Führung war mit all ihren technischen und organisatorischen Grundlagen ein völliges Neuland gegenüber der Flugtüchtigkeit der Flugzeuge, die sich in 20 Jahren entwickeln konnte. Ihr System bedurfte sorgfältigster Erprobung und konnte nicht in der kurzen Periode von 2 bis 3 Jahren erzwungen werden, trotzdem große Anstrengungen zu seiner Vervollkommnung gemacht wurden. Daß diese Erkenntnis ungefähr zusammentraf mit der ungünstigen Wirtschaftslage, war für die amerikanische Luftfahrt insofern von Vorteil, als nunmehr mit der Zusammenfassung der Kräfte in bezug auf die Qualität der Flug-

Tabelle 17. **Kapital und Finanzabschluß der Gesellschaften für Luftfahrt-Industrie und Luftverkehr im Jahre 1929.**

| Gesellschaft | Anlagekapital (1000 RM.) | Gewinn oder Verlust (1000 RM.) | Luftverkehrsnetz |
|---|---|---|---|
| 1 | 2 | 3 | 4 |
| **I. Luftfahrt-Industrie:** | | | |
| A. Flugzeug-Fabriken | | | |
| Alexander-Colorado Springs, Col. . . . . . | 12 200 | — 1 209 | |
| Bellanca, New Castle, Del. . . . . . . . | 8 360 | — 458 | |
| Consolidated, Buffalo, N. Y. . . . . . . | 16 670 | + 3 995 | |
| Douglas, Santa Monica, Cal. . . . . . . | 13 770 | + 1 692 | |
| Fokker, New York . . . . . . . . . . | 51 800 | + 1 697 | |
| Glenn L. Martin, Cleveland, Ohio . . . . | 24 250 | | |
| Stinson, Northville, Mich. . . . . . . . | 2 540 | + 59 | |
| Waco, Troy, Ohio . . . . . . . . . . | 4 220 | + 462 | |
| B. Motoren-Fabriken | | | |
| Kinner, Glendale, Cal. . . . . . . . . | 8 540 | — 164 | |
| Warner, Detroit, Mich. . . . . . . . . | 4 470 | — 168 | |
| **II. Holding-Gesellschaften:** | | | |
| (Industrie und Verkehr): | | | |
| Aviation Corp. (Del.)[1] New York . . . | 164 000 | — 6 060 | Südl. Transkontinentallinie, Mitte, Nordosten. |
| Curtiss Wright[2], New York . . . . . . | 329 000 | — 2 805 | |
| Detroit Aircraft, Detroit Mich. . . . . . | 27 000 | — 3 075 | |
| United Aircraft[3] Chicago, Ill. . . . . . | 173 000 | + 37 600 | Nördl. Transkontinentallinie, Westküste und Chicago—Kansas City—Dallas. |
| **III. Verkehrsgesellschaften:** | | | |
| Aviation Corp. of the Americas, New York | 27 950 | — 1 330 | Mexico, Mittel- und Südamerika. |
| National Air Transport (seit 1930 United Aircraft), Chicago, Ill. . . . . . . . . | 18 100 | + 2 810 | Chicago—Kansas City—Tulsa—Dallas. |
| Transcontinental Air-Transport, New York | 31 800 | — 4 140 | Mittlere Transkontinentallinie, Südwestküste. |
| Western Air Express[4] Los Angeles, Cal. | 16 470 | + 4 040 | Mittlere Transkontinentallinie. |

Anmerkungen: Im Jahre 1930: [1] Verlust RM. 19 760 000.
[2] Verlust RM. 37 800 000.
[3] Gewinn RM. 13 900 000.
[4] Verlust RM. 840 000.

zeuge auch die Arbeiten für eine zuverlässige Flugsicherung eine bessere Stütze in gut durchgebildeten Flugzeugen fanden und damit wirkungsvoller werden konnten. Die Industrie hat den Gesundungsprozeß begonnen, indem sie Schritt zu halten versuchte mit dem Luftverkehrsbetrieb, dessen Aufbau noch einer gewissen Entwicklungszeit bedarf, bevor die Produktion sich auf ein größeres Verkaufsvolumen einstellen kann. Die Ausfuhrziffern der amerikanischen Flugzeug-Industrie im Jahre 1930 sind trotz der wirtschaftlichen Depression nur unwesentlich gegenüber dem Jahre 1929 gesunken. Der gesamte Ausfuhrwert im Jahre 1930 betrug 35 bis 40 Millionen Mark. Während in der Ausfuhr fertiger Flugzeuge Ostasien und Südamerika an der Spitze stehen, sind in der Motorenausfuhr die europäischen Länder zahlreich vertreten, mit Deutschland an erster Stelle.

## III. Das amerikanische Luftverkehrsnetz.

Entsprechend den geschilderten wirtschaftlichen Beziehungen zwischen Osten, Mitte und Westen ist im innerstaatlichen Luftverkehr als günstigste Verkehrsrichtung die Ost-West-Richtung vorgezeichnet. Es ist die Orientierung, der auch die Pazifikbahnen folgten, als sie die Erschließung des Kontinents von Osten nach Westen vor 50 bis 60 Jahren vorbereiten sollten. Sie

Abb. 12. Organisatorische Gestaltung des innerstaatlichen und ausländischen Luftverkehrsnetzes der Vereinigten Staaten von Amerika im Jahre 1930.

leisteten auch dem Luftverkehr Vorarbeit und schufen die starken Geschäftsbeziehungen zwischen den Bezirken, die das Luftfahrzeug nun enger knüpfen soll. Insofern sehen wir hier einen ähnlichen Zusammenhang zwischen Eisenbahnen und Luftverkehrslinien wie in Europa, wo ein stark ausgebautes Eisenbahnnetz das Bedürfnis zum Transport eil- und hochwertiger Verkehrsarten als Schrittmacher für den Luftverkehr schuf. Aber in den Vereinigten Staaten von Amerika hält sich der Luftverkehr an diese Vorarbeit nicht allein gebunden, sondern wir haben in den bereits zahlreichen Netzlinien nach Texas ein ganz deutliches Beispiel, wie auch in verkehrlich wenig erschlossenen Gebieten der Luftverkehr seine wertvollen Dienste leisten kann, wenn der Naturreichtum des Landes seine Erschließung und das Geschäftsinteresse entwickelter Gebiete anregt.

Das heutige kontinentale Luftverkehrsnetz der Vereinigten Staaten von Amerika zeigt Abb. 12. Es ist ganz nach den Verkehrsbedürfnissen des Landes entwickelt und bietet eine gesunde Grundlage für sein weiteres Auswachsen nach anderen Ländern und Erdteilen. Als Zentralpunkt des amerikanischen Luftverkehrs entwickelt sich immer mehr Chikago, das im scharfen Wettbewerb mit New York in zunehmendem Maße die Handels- und Geschäftsbeziehungen des Ostens mit Mitte und Westen übernimmt. Die gute Ausstattung des Ostgebiets mit Eisenbahnen hatte zunächst die Luftlinien westlich der Linie Chicago—New Orleans entstehen lassen. Neuerdings hat aber auch das Ostgebiet unmittelbaren Anschluß an die pazifischen Luftlinien erhalten.

Im südlichen Teil der Mitte, in Texas, dient das verhältnismäßig dichte Luftverkehrsnetz der großen wirtschaftlichen Zukunft dieses reichen Landgebiets. Seine südliche Lage und seine günstigen klimatischen Verhältnisse bieten auch vom Standpunkt der Sicherheit im Luftverkehr gute betriebstechnische Bedingungen.

Die nach dem Ausland führenden Linien der Vereinigten Staaten von Amerika folgen, dem Stand der Technik entsprechend, zunächst dem wirtschaftspolitischen Ziel, Süd- und Nordamerika unter amerikanischer Führung mit einem kontinentalen Luftverkehrsnetz zu überspannen und so die Basis zu schaffen zur luftverkehrstechnischen Erschließung des atlantischen und pazifischen Ozeans. Zwei Auslandslinien führen heute schon nach Südamerika. Kanada mit seinem in den Anfängen stehenden Luftverkehrsnetz sucht heute schon Anschluß an das amerikanische Netz und dokumentiert damit die enge wirtschaftliche Verbundenheit mit dem großen Nachbarstaat, die dem nordamerikanischen Luftverkehrsnetz eine weitere Stärkung für seine Ausdehnung über die Ozeane nach Osten und Westen verleiht.

Eine besondere Rolle im amerikanischen Luftverkehr spielt Alaska. Von sonstigen Verkehrsmitteln noch wenig erschlossen, weist es Güterarten auf, die auch in den verkehrlich gut erschlossenen Gebieten wegen ihres hohen Werts den schnellen Transport auf dem Luftweg bevorzugen. Dazu gehören Gold und wertvolle Pelze im Werte von jährlich 30 bzw. 15 Millionen Mark. Alaska ist außerdem von Touristen stark besucht. So kommt es, daß auch hier das amerikanische Flugwesen schon stark entwickelt ist. 63 Flugplätze und eine gut ausgebaute Streckensicherung vermitteln den Verkehr dieses großen Gebiets mit dem Mutterland und bereiten eine Verbindung nach Asien vor, die in Zukunft noch von besonderer Bedeutung für den Weltluftverkehr werden wird.

So waren die Vereinigten Staaten von Amerika dank ihrer politischen Einheit, ihrer großen Raumweiten und ihrer umfassenden wirtschaftlichen Kräfte in der Lage, ein Luftliniennetz zu gestalten, das allen Grundsätzen einer zukunftsreichen wirtschaftlichen Luftfahrt entspricht. Es kann sich dieser Aufgabe widmen zu einer Zeit, in der in Europa trotz starken Entwicklungsdrangs das kontinentale Luftverkehrsnetz nur langsam über die politischen Hemmungen und die zahlreichen Landesgrenzen vorwärts kommt.

# IV. Organisation des amerikanischen Luftverkehrs.

## 1. Staats- oder Privatbetrieb.

Die heutige organisatorische Lage des amerikanischen Luftverkehrs ist das Ergebnis einer folgerichtigen Anwendung des Grundsatzes der Vereinigten Staaten von Amerika, alle wirtschaftlichen Unternehmungen dem privaten Unternehmungsgeist zu überlassen. In diesem Sinne haben sich bisher auch die Unternehmungsformen des gesamten Verkehrswesens, vor allem der Eisenbahnen, entwickelt. Der Zweck dieser grundsätzlichen Einstellung des Staats ist vor allem, im freien Spiel der Kräfte eine für die Allgemeinwirtschaft günstige und gesunde Entfaltung der einzelnen Wirtschaftszweige zu erzielen. Sogar bei dem Ausbau der Eisenbahnen, deren Verkehrsarbeit vor allem zur Zeit der Erschließung der Kontinents von Osten nach Westen von allgemeiner Bedeutung war, bot der Staat nur insofern eine gewisse Hilfe, als er den Eisenbahngesellschaften den zunächst völlig wertlosen Grund und Boden in den zu erschließenden Gebieten zur Verfügung stellte, im übrigen aber keine weitergehenden finanziellen Verpflichtungen übernahm. Das einzige Gebiet des Verkehrswesens, auf dem der Staat selbst die Einrichtung und den Betrieb übernommen hat, ist die Post, jedoch ohne Telegraphen- und Fernsprechverkehr, der von privaten Gesellschaften erledigt wird. Die auch in anderen Ländern für eine staatliche Übernahme des Postverkehrs maßgebenden Gründe waren stark genug, die Postverwaltung auch in den Vereinigten Staaten von Amerika in staatliche Regie zu nehmen.

Auch im Luftverkehr können wir zunächst eine starke Zurückhaltung des Staates feststellen zu einer Zeit, als bereits in Europa die Regierungen der Länder maßgebenden finanziellen Einfluß auf die Entwicklung des Luftverkehrs genommen hatten. Zwar entfaltete die amerikanische Postverwaltung schon frühzeitig eine rege Tätigkeit, indem sie durch zahlreiche Schauflüge in den Jahren 1912 bis 1918 die Möglichkeit einer Briefbeförderung auf dem Luftweg zu zeigen versuchte. Aber ihre Aufklärungsarbeit umfaßte nur einen Zweig, allerdings den wichtigsten des Luftverkehrs. Die von der Postverwaltung auf der ersten 1918 eingerichteten Luftpostlinie New York—Washington gesammelten Erfahrungen brachten das grundsätzliche Ergebnis, daß sich die Postbeförderung auf dem Luftweg besonders erfolgreich gestalten könnte, wenn ein großzügiger Ausbau des Luftverkehrsnetzes durchgeführt würde. Der Kongreß bewilligte unter grundsätzlicher Anerkennung der Notwendigkeit einer staatlichen finanziellen Unterstützung des Luftpostverkehrs Mittel zur Einrichtung der Luftpostlinie von New York nach San Francisco, die Ende 1920 eröffnet wurde.

Neben der Eröffnung mehrerer weiterer Luftpostlinien bis zum Jahre 1925 entwickelte sich ein von jeder staatlichen Kontrolle unabhängiges Unternehmertum, das den Gelegenheitsluftverkehr in einigen größeren Städten einrichtete. Um diese Entwicklung in geordnete Bahnen zu lenken, wurden in den Jahren 1925 und 1926 zwei den amerikanischen Handelsluftverkehr maßgebend bestimmende Gesetze, die „Kelley Act" und die „Air Commerce Act", herausgebracht. Die „Kelley Act" vom Jahre 1925 regelte die Verträge der Postverwaltungen mit Fluggesellschaften, die als Privatgesellschaften auf den Contract Air Mail Routes oder C. A. M.-Linien die Beförderung von Post nach einem mit der Postverwaltung geschlossenen Vertrag übernahmen. Damit wurde der Eigenbetrieb von Luftverkehrlinien durch die Post aufgegeben. Diese Entwicklung wurde weiterhin gefördert im Jahre 1926 durch die „Air Commerce Act". Durch dieses Gesetz wurde die gesamte zivile Luftfahrt beim Departement of Commerce zentralisiert und ihre Geschäfte von einer besonderen Luftfahrtabteilung, der Aeronautics Branch, übernommen. Ihr liegt nach dem Gesetz die Förderung und Regelung der gesamten zivilen Luftfahrt ob.

Es ist nun für die amerikanischen Verhältnisse besonders bemerkenswert, daß das Handelsministerium nicht allein als Aufsichtsbehörde die Zulassung von Verkehrsflugzeugen, Luftverkehrsgesellschaften, Flugzeugführern und Flugzeugmechanikern regelt, sondern auch aktiv in die Ausgestaltung der Luftverkehrsanlagen eingreift. Zweifellos haben auch die Interessen der Landesverteidigung bei dieser für Amerika ungewöhnlichen Regelung mitgespielt, aber sie können nicht allein den Entschluß zum starken Einsatz vor allem von Mitteln für die Sicherheit im Luftverkehr rechtfertigen. So ist die Einrichtung und Instandhaltung der Bodenorganisation und der Streckensicherung eine Hauptaufgabe der Luftfahrt-Abteilung, wozu auch die Erprobung der für den Luftverkehr erforderlichen Sicherheitseinrichtungen gehört. Es ist außerordentlich charakteristisch und gibt für europäische Verhältnisse sehr zu denken, daß die Vereinigten Staaten von Amerika den Faktor Sicherheit im Luftverkehr für wichtig genug hielten, hier einen Weg staatlicher Initiative und Tätigkeit zu entfalten, der bisher grundsätzlich als Angelegenheit des Staates abgelehnt wurde. Selbstverständlich haben auch die europäischen Staaten den gleichen Weg beschritten, aber wenn man bedenkt, daß nun in den Vereinigten Staaten von Amerika die Bodenorganisation und Streckensicherung zentral von einer Stelle behandelt werden, während in Europa die verschiedenen Länder ihre vielfach eigenen Wege gehen, so liegen die großen Vorzüge des amerikanischen Systems für eine wirksame ·Förderung des Luftverkehrs auf der Hand. Mit den großen zur Verfügung stehenden Mitteln ist bisher außerordentlich viel und Wertvolles geleistet worden, wie wir im einzelnen in Sonderuntersuchungen dieses und des nächsten Heftes sehen werden.

Neben dem Handelsministerium ist das Landwirtschaftsministerium noch am Luftverkehr beteiligt durch Einrichtung und Betrieb von Wetterberatungsstellen, deren einheitliche Arbeit die Entwicklung des Luftverkehrs besonders zu fördern vermag.

Im Jahre 1928 ging die Post unter dem Druck der öffentlichen Meinung zur Entwicklung von Personenverkehrslinien über, indem sie bei Abschluß von Luftpostverträgen diejenigen Gesellschaften bevorzugte, die neben der Postbeförderung auch den Personenverkehr zu günstigen Bedingungen übernahmen. Die „Watres Air Mail Act" bot dazu die gesetzliche Grundlage.

Während somit der Luftverkehr in den Vereinigten Staaten von Amerika grundsätzlich von privaten Luftverkehrsgesellschaften durchgeführt wird, gibt der Staat eine unmittelbare Unterstützung in Gestalt von garantierten Einnahmen im Postluftverkehr und eine mittelbare Unterstützung durch kostenfreie Einrichtung und Instandhaltung der Bodenorganisation, Streckenausrüstung und Wetterberatungsstellen im Interesse der Flugsicherung. Daneben beteiligen sich noch die Städte in erheblichem Maße an der Herrichtung und Unterhaltung von Flughäfen. Es liegt also generell eine ähnliche Arbeitsteilung vor wie bei den europäischen Staaten, nur daß die Methode der unmittelbaren Subventionen, wie bereits in Heft 3 dargetan wurde, eine grundsätzlich andere ist.

## 2. Großorganisationen.

Nach anfänglicher Zersplitterung des Luftverkehrs in zahlreiche mehr oder weniger große Luftverkehrsunternehmungen setzte sich bereits vor 4 Jahren eine gewisse Konsolidierung im inner- und außerstaatlichen Verkehr durch. Sie fand, beschleunigt durch die wirtschaftliche Depression, ihren wirkungsvollen Abschluß im Jahre 1930. Durch die Wirtschaftskrise wurde ein Gesundungsprozeß in der amerikanischen Handelsluftfahrt eingeleitet, der von noch größerer Bedeutung sein mag als derjenige in der Luftfahrt-Industrie. Es bildete sich aus der großen Zahl der Gesellschaften die Großorganisation, die in erster Linie in der Lage ist, noch zu leistende Entwicklungsarbeit im Luftverkehr richtig und möglichst schnell mit großen Kräften zu erledigen.

Heute sind vier Großorganisationen vorhanden, deren Netze allein 74% des gesamten inner- und außerstaatlichen amerikanischen Luftliniennetzes umfassen, während nur 26% des Netzes auf sonstige Gesellschaften entfallen. Die regionale Verteilung ihrer Linien ist in Abb. 12 im einzelnen zu erkennen. Die Luftverkehrskonzerne 1—3 der Tabelle 18 haben den Transkontinentalverkehr im eigentlichen Staatengebiet der Vereinigten Staaten von Amerika übernommen, während der 4. Konzern den Auslandsverkehr zwischen den Vereinigten Staaten von Amerika einerseits und Mittel- und Südamerika anderseits ausbaut. Es ist interessant, daß die Linien der ersten drei Konzerne

Tabelle 18. **Anteile der Konzerne am Gesamtnetz, den gesamten Verkehrsmengen und Verkehrsleistungen des Luftverkehrs der Vereinigten Staaten von Amerika im Jahre 1930.**

| Luftverkehrskonzern | Linien-netz km | Anteil am Ge-samt-netz % | Verkehrsmengen | | | | | | Verkehrsleistung | | Mittlere Beförde-rungs-weite für Personen km |
| | | | Personen | | Post | | Fracht | | Personen 1000 Perskm | Anteil % | |
| | | | Zahl | Anteil % | t | Anteil % | t | Anteil % | | | |
| 1 | 2 | 3 | 4 | 5 | 6 | 7 | 8 | 9 | 10 | 11 | 12 |
| 1. Aviation Co. . . . . | 12511 | 15 | 64424 | 15,4 | 455 | 12 | 3,7 | 0,3 | 27513 | 16,6 | 428 |
| 2. United Aircraft . . . | 11513 | 13 | 37081 | 8,9 | 2148 | 57 | 41,5 | 3,2 | 14638 | 8,8 | 338 |
| 3. Transcontinental and Western Air . . . . . | 10645 | 12 | 90162 | 22 | 447 | 12 | 22,8 | 1,8 | 55246 | 33,3 | 614 |
| 4. Pan American . . . . | 29781 | 34 | 32139 | 7,7 | 238 | 6 | 48 | 3,7 | 29823 | 18,0 | 930 |
| 5. Sonstige Gesellschaften | 22377 | 26 | 193699 | 46 | 471 | 3 | 1185 | 91 | 38758 | 23,3 | 200 |
| Gesamt | 86827 | 100 | 417505 | 100 | 3760 | 100 | 1300 | 100 | 165978 | 100 | 618 |

sich durchaus nicht außer jedem gegenseitigen Wettbewerb befinden. Ihr Wettbewerbsfaktor beträgt 1,35, das bedeutet, daß 35% ihres Gesamtnetzes von 2 Gesellschaften gleichzeitig beflogen werden. Immerhin ist, um den wirtschaftlichen Erfolg der Gesellschaften durch einen Wettbewerb in der Entwicklungszeit nicht zu sehr zu beeinträchtigen, die Verteilung der Luftlinien auf die großen Gesellschaften in der Weise erfolgt, daß ihr Verkehrsfeld ihnen genügend Spielraum zur freien Entfaltung ohne zu starke Wettbewerbshemmungen läßt. Auf den Anteil der Großorganisationen an den gesamten Luftverkehrsleistungen wird noch später beim Punkt „Leistungsfähigkeit im Luftverkehr" näher eingegangen werden.

Bei der besonderen Bedeutung, die die vier großen Luftverkehrsunternehmungen für die weitere Entwicklung der amerikanischen Luftfahrt haben, soll im folgenden näher auf ihre Zusammensetzung und ihr Luftverkehrsfeld eingegangen werden, soweit der Umschichtungsprozeß heute schon übersehbar ist. Zweifellos ist dieser Prozeß noch nicht abgeschlossen, dagegen in seinen hauptsächlichsten Erscheinungen festgelegt.

Von Osten nach Westen gesehen, ist es zunächst die Aviation Corporation, in der die American Airways Inc. in New York den Luftverkehr repräsentiert, und die ihrerseits für die Betriebsführung folgende Tochtergesellschaften hat:

Colonial Airways Corp. (New York—Boston, New York—Montreal, Cleveland—Albany),
Southern Air Transport Corp. (Dallas—Brownsville, San Antonio—Houston, New Orleans—
  Houston, New Orleans—Atlanta, Kansas City—Dallas, Oklahoma City—Tulsa, Atlanta—
  Los Angeles, San Antonio—Big Springs),
Embry Riddle Co. (Chicago—Cincinnati),
Robertson Airlines Co. (St. Louis—New Orleans),
Universal Aviation Corp. (St. Louis—Chicago, St. Louis—Tulsa, Louisville—Cleveland, Chicago—
  Atlanta).

Als bekanntere Flugzeugfabriken gehören die Waco Airplane Comp. zur Aviation Corporation.

Zu der United Aircraft and Transport Corporation, deren Sitz sich in Chicago befindet, gehört in erster Linie das Boeing System, bestehend aus folgenden Verkehrsgesellschaften:

Boeing Air Transport Inc. (Chicago—San Francisco),
Pacific Air Transport (Seattle—Los Angeles),
Varney Air Lines (Salt Lake City—Seattle und Spokane) und seit Sommer 1930 auch die National Air Transport Inc. (N. A. T.) (New York—Chicago, Chicago—Dallas, Cleveland—
  Detroit—Chicago).

An Flugzeug- und Motorenfabriken gehören der United Aircraft in erster Linie an:
Boeing Airplane Company,
Hamilton Standard Propeller Corporation,
Pratt and Whitney Aircraft Company,
Sikorsky Aviation Corporation,
Stearman Aircraft Company,
Northrop Aircraft Corporation.

Während die bisher genannten zwei Großorganisationen als Holding-Gesellschaften sowohl Industrie wie Verkehr in sich vereinigen, ist die dritte Großorganisation, die Transcontinental and Western Air Inc., ein reines Luftverkehrsunternehmen, das sich im Jahre 1930 aus den Luftverkehrsgesellschaften

Transcontinental Air Transport (T. A. T.) und
Western Air Express

gebildet hat. Die beiden südlichen Transkontinentallinien sowie die Linien Salt Lake City—Los Angeles, Seattle—San Diego bilden ihr ausgedehntes, wesentlich dem Personen- und Postverkehr dienendes Luftverkehrsnetz.

Die Pan American Airways, deren Holding-Gesellschaft die Aviation Corporation of the Americas ist, umfaßt als vierte Großorganisation die Luftverkehrsgesellschaften, die die von den

Vereinigten Staaten von Amerika nach Süden gehenden Auslandslinien betreiben. Ihr gesamtes Luftliniennetz ist mit rund 30000 km das größte Amerikas. Es bildet ein geschlossenes System und umfaßt Südamerika, Westindien, die Karibische See, Mittelamerika und Mexiko. Neuerdings projektiert sie die Einrichtung eines Flugpostdienstes von New York nach Bermuda, von wo aus die Linie zusammen mit der Imperial Airways über die Azoren nach Europa weitergeführt werden soll. In erster Linie gehören zu der Pan American Airways Inc.:

> New York-Rio-Buenos Aires Line Inc. (Nyrba),
> Compania Mexicana de Aviacion, S. A.,
> West Indian Aerial Express,
> Pan American-Grace Airways Inc.

Neben den vier Großorganisationen bestehen noch zahlreiche Gesellschaften mit verhältnismäßig kleinen Netzen. Auf diese Weise ist eine zur Klärung der Wirtschaftlichkeit im Luftverkehr außerordentlich günstige Entwicklungsbasis geschaffen. Die großen Gesellschaften können, ohne Belastung mit kleiner Verkehrsarbeit auf kurzen Linien, ihre Pionierarbeit auf dem Fernstreckennetz leisten. Die kleineren Unternehmungen aber können ohne den großen teuren Apparat einer Großorganisation versuchen, mit dem geringsten Aufwand die Daseinsberechtigung des Luftverkehrs auf kleine Entfernungen nachzuweisen. Wir werden im Kapitel „Wirtschaftlichkeit" noch näher darauf eingehen, wie weit diese Teilung von Wert gewesen ist.

Luftfahrt-Industrie und Verkehr sind in den Vereinigten Staaten von Amerika, wenn auch nicht immer organisatorisch, wohl aber betriebstechnisch scharf voneinander getrennt. Von den Großorganisationen sind nur die Aviation Corporation und die United Aircraft als Holding-Gesellschaften für Verkehr und Industrie anzusehen, während die anderen Gesellschaften reine Verkehrsgesellschaften ohne organisatorische Beziehungen zur Industrie sind. Es ist nicht zu verkennen, daß vor allem die United Aircraft eine sehr gute Entwicklungsarbeit bisher im Luftverkehr geleistet hat. Anderseits kann aber auch bei den reinen Verkehrsgesellschaften Ähnliches gesagt werden, so daß der Grundsatz einer Trennung zwischen Industrie und Verkehr sich auch in den Vereinigten Staaten von Amerika endgültig durchgesetzt hat. Auch die United Aircraft hat, wie ich mich überzeugen konnte, die betriebliche Selbständigkeit des Verkehrs innerhalb des Konzerns sehr stark betont und ausgebildet. Der Curtiss Wright Konzern, dessen Schwergewicht in der Produktion von Luftfahrzeugen und dem Bau von Flughäfen liegt, lehnt es grundsätzlich ab, auch Gesellschaften, die regelmäßigen Linienverkehr betreiben, in den Konzern aufzunehmen, da die Interessen beider Teile zu verschieden wären.

Neben dem eigentlichen öffentlichen planmäßigen Luftverkehr beginnt sich in ähnlicher Weise wie beim Kraftwagen ein stärkerer Werksluftverkehr anzubahnen, indem Industriewerke zum Transport von hochwertigen Gütern und für geschäftliche Reisen sich einen Flugzeugpark halten. An der Spitze dieser Bewegung steht die von Ford gegründete Detroit Aircraft, die im Seengebiet einen starken Luftfrachtverkehr für die Bedürfnisse seiner Werke eingerichtet hat. Es ist zu erwarten, daß dieser Werksverkehr sich noch weiter entwickeln und den Boden bilden wird für den privaten Geschäftsluftverkehr, der neben dem planmäßigen Luftverkehr dem Luftverkehrsbedürfnis dienen kann.

### 3. Zusammenarbeit der Verkehrsmittel.

Die Verkehrsunternehmungen in den Vereinigten Staaten von Amerika sind von jeher bestrebt gewesen, das Verkehrswesen und die Arbeit der verschiedenen Verkehrsmittel als Ganzes aufzufassen und Neuerscheinungen im Verkehrsleben dem vorhandenen Verkehrsapparat einzufügen. So sind die Eisenbahngesellschaften beteiligt an Schiffahrtsgesellschaften, deren Häfen sie mit dem Binnenland eisenbahntechnisch verbinden. Im Kraftwagenverkehr waren die amerikanischen Eisenbahnen die ersten, die den besonderen Wert des Kraftwagens für Nahtransporte und Zubringerverkehr im Güter- und Personentransport erkannten. Sie gliederten durch Einrichtung von besonderen Kraftwagen-Tochtergesellschaften den Kraftwagen in ihren Wirkungsbereich ein zur Verbesserung ihres Eisenbahnbetriebs und der Verkehrsbedienung der Wirtschaft.

Eine ähnliche Entwicklung hat sich in dem Verhältnis zwischen Eisenbahn und Luftverkehr angebahnt. Für die großen transkontinentalen Eisenbahnlinien, denen der letzte gefährliche Wettbewerber im Panama-Kanal erwuchs, ist der Luftverkehr zweifellos im Transport von Post und hochwertigen Gütern sowie von Reisenden für die Zukunft ein starker Konkurrent. Denn der Zeitvorsprung, den der Luftverkehr z. B. auf der Strecke New York—San Francisco vor der Eisenbahn hat, beträgt 300%. Aber auch bei den übrigen geringeren Entfernungen im kontinentalamerikanischen Sinne kann sich der Luftverkehr noch auf Raumweiten bewegen, wie sie unserem kontinentalen Netz entsprechen, und daher noch für die Eisenbahn eine gewisse Wettbewerbslage schaffen.

Welche tatsächlichen Unterschiede in der Reisezeit und in den Fahrpreisen im einzelnen bei den großen transkontinentalen Verbindungen im Eisenbahn-, Straßen- und Luftverkehr heute bei der Beförderung von Personen bestehen, ist aus der Tabelle 18a über die Entwicklung der Reisezeiten im Transkontinentalverkehr zu erkennen. Auf allen Strecken ist der direkte Luftweg erheblich kürzer als der Landweg. Die Reisezeiten betragen auf dem Luftweg 1 bis 1,2 Tage gegenüber 3 bis 4 Tage zu Lande. Bei diesem erheblichen Zeitvorsprung im Luftverkehr sind die Flugpreise als sehr niedrig anzusprechen, da sie nicht wesentlich höher liegen als die Eisenbahn-

**Tabelle 18a. Entwicklung der Reisezeiten im Transkontinentalverkehr der Vereinigten Staaten von Amerika.**

| Transkontinentalstrecke Verkehrsmittel | Eingerichtet seit | Reiseroute über | Streckenlänge km | Reisezeit Std. | Fahrpreis RM./Pers. | Selbstkosten RM./Pers. |
|---|---|---|---|---|---|---|
| 1 | 2 | 3 | 4 | 5 | 6 | 7 |
| **New York—San Francisco** | | | | | | |
| Eisenbahn . . . . . . . . | | Philadelphia—Chicago— Omaha—Ogden | 5100 | 78 | 710 | |
| Personenwagen . . . . . . | | Chicago—Omaha—Salt Lake City | 4840 | 99 | 630 | |
| Omnibus . . . . . . . . . | | Pittsburgh—St. Louis— Kansas-City—Denver | 4950 | 145 | 280 | |
| Flug-Eisenbahnverkehr . . | Sommer 1927 | Chicago—Omaha—Salt Lake City—Sacramento | 4900 | 48 | 760 | |
| Tagflugverkehr . . . . . . | Sommer 1929 | ,, ,, | 4450 | 44 | 840 | 2000 |
| Tag- und Nachtflugverkehr | Sommer 1931 | ,, ,, | 4450 | 29 | 840 | 2200 |
| **New York—Los Angeles** | | | | | | |
| Eisenbahn . . . . . . . . | | Chicago—Kansas City— Albuquerque | 5040 | 78 | 670 | |
| Personenwagen . . . . . . | | St. Louis—Kansas City— Albuquerque | 4800 | 96 | 625 | |
| Omnibus . . . . . . . . . | | Pittsburgh—Kansas City— El Paso | 5370 | 147 | 294 | |
| Flug-Eisenbahnverkehr . . | Herbst 1929 | Columbus—Kansas City— Waynoca—Clovis | 4500 | 48 | 670 | |
| Tagflugverkehr . . . . . . | Frühjahr 1930 | Columbus—Kansas City— Amarillo | 4120 | 36 | 840 | 1860 |
| Tag- und Nachtflugverkehr | Frühjahr 1931 | ,, ,, | 4120 | 25 | nur Post | |
| **Atlanta—Los Angeles** | | | | | | |
| Eisenbahn . . . . . . . . | | New Orleans—Houston— San Antonio—El Paso | 4100 | 97 | 360 | |
| Personenwagen . . . . . . | | Atlanta—Jackson—Dallas —El Paso | 3800 | 76 | 480 | |
| Tagflugverkehr . . . . . . | 1930 | Jackson—Dallas—El Paso | 3380 | 34 | 617 | 1520 |

fahrpreise. Auffallend niedrig, aber durchaus wirtschaftlich richtig und die Selbstkosten deckend sind die Fahrpreise für den transkontinentalen Omnibusverkehr, der allerdings in der Reisezeit um 100 % höher liegt als die Eisenbahn. Wenn auch, wie aus der Tabelle zu ersehen ist, die Selbstkosten im Personenluftverkehr 2 bis 2,5 mal größer sind als die zu zahlenden Flugpreise, so zeigt doch diese Zusammenstellung, in wie wettbewerbsnaher Lage der Langstreckenluftverkehr zu den übrigen Verkehrsmitteln liegt und wie sehr der große Vorsprung in der kurzen Reisezeit diesem Verkehr die erforderlichen Verkehrsmengen zuführen wird.

In richtiger Erkenntnis dieser Dinge haben große amerikanische Eisenbahngesellschaften schon frühzeitig Abkommen mit Luftverkehrsgesellschaften auf Zusammenarbeit geschlossen. Zuerst waren es die Pennsylvania- und Santa Fé-Eisenbahn, die einen Eisenbahn-Luftverkehr für Reisende einrichteten und ihre Verkehrsbüros für den Verkauf von Flugscheinen zur Verfügung stellten sowie den Zubringerdienst erledigten. Mit der technischen Möglichkeit einer reinen Luftverkehrsverbindung zwischen Ost- und Westküste ist zwar die Bedeutung dieser Zusammenarbeit herabgemindert worden, sie besteht aber praktisch noch weiter, da viele Reisende die ununterbrochene lange Flugzeit von 30 Stunden scheuen und einen Zwischentransport mittels Eisenbahn vorziehen.

Über diese mehr verkehrsorganisatorische Art der Zusammenarbeit hinaus haben sich neuerdings die Pennsylvania-Eisenbahn in den Vereinigten Staaten von Amerika und vor allem die beiden großen kanadischen Eisenbahngesellschaften in Kanada finanziell maßgebend an der Einrichtung und dem Betrieb von Luftverkehrslinien beteiligt und eine Abmachung über die Preisgestaltung der Tarife getroffen. In Abhandlung 1 dieses Heftes ist Näheres über diese Abkommen gesagt worden. Hier ist es wichtig, die Anfänge einer Zusammenarbeit zwischen Eisenbahn und Luftverkehr hervorzuheben, die im Interesse der Allgemeinheit gerechtfertigt erscheint. Denn die Unterverteilung des Luftverkehrs nach den verschiedenen Empfangsorten wird am zweckmäßigsten durch ein Verkehrsunternehmen besorgt werden, das ohnehin in seinem Eisenbahnund Kraftwagenapparat alle Einrichtungen und Abfertigungsstellen aufweist, die dazu nötig sind. Es wäre volkswirtschaftlich und privatwirtschaftlich ungünstig, wenn hier neue Organisationen eingeschaltet würden, die der vorhandenen Organisation nur Leerlauf und damit der Allgemeinheit nur neue Belastung bringen würden. Mit dem Ausbau des kontinentalen Luftverkehrsnetzes Europas wird das Beispiel der Zusammenarbeit der Verkehrsmittel in Amerika von noch größerer Bedeutung werden, als es bisher bereits in einigen Ländern, wie z. B. in Deutschland, praktisch geworden ist.

# V. Sicherheit im Luftverkehr.

## 1. Stand der Sicherheit im planmäßigen und privaten Luftverkehr.

Die Sicherheit im Luftverkehr hat, wie wir gesehen haben, in den Vereinigten Staaten von Amerika zu besonderen Maßnahmen seitens des Staates geführt. Er hat es übernommen, bei der großen Bedeutung des Sicherheitsfaktors im Luftverkehr wesentlich mitzuarbeiten an einer guten Bodenorganisation und Streckensicherung. Es soll hier nicht näher auf die betriebstechnische Seite dieser Einrichtungen eingegangen werden, da sie in Heft 5 eingehend zur Behandlung kommen. Ganz allgemein hat Amerika in der Flugsicherung vielfach eigene Wege eingeschlagen, deren praktischer Erfolg im Vergleich mit den europäischen Methoden der Förderung der Sicherheit im Luftverkehr in besonderem Maße dienen wird. An dieser Stelle soll lediglich die Lage der Sicherheit im Luftverkehr als Maßstab für die Wirkung der im Interesse der Luftsicherheit getroffenen Maßnahmen erörtert werden.

Die Luftfahrt-Abteilung des Handelsministeriums gibt unter ihrem hervorragenden Leiter Clarence M. Young eine ausgezeichnete Statistik über die Sicherheit im Luftverkehr heraus, die allen Gesichtspunkten, die an eine klare Erfassung der Unfallursachen und ihre Beurteilung gestellt werden müssen, entspricht. Sie veröffentlicht die Ergebnisse getrennt nach planmäßigem und außerplanmäßigem Luftverkehr und bietet damit wie kaum ein anderes Land der Öffentlichkeit die Möglichkeit, sich über den Stand der Sicherheit im Luftverkehr zu unterrichten. In dieser Trennung liegt vor allem der besondere Vorzug, daß die mit vielfach verschiedenen Voraussetzungen für die Betriebssicherheit arbeitenden beiden Hauptzweige des Luftverkehrs nun im einzelnen erfaßt und behandelt werden können, während eine Vermischung Schlußfolgerungen außerordentlich erschwert. Es ist unzweckmäßig, den planmäßigen Verkehr mit Unfallzahlen des außerplanmäßigen Verkehrs zu belasten und damit dem gesamten Luftverkehr zu schaden. Wie berechtigt diese Forderung ist, ist aus Tabelle 19 über Unfälle und ihre Ursachen in der Zivilluftfahrt im Jahre 1930 zu erkennen.

**Tabelle 19. Unfälle und ihre Ursachen in der Zivilluftfahrt der Vereinigten Staaten von Amerika im Jahre 1930.**

| Verkehrsnetz | Zahl der Unfälle | 1 Unfall auf Flug-km | Zahl der Toten | | Zahl der Verletzten | | Ursachen in % | | | | | |
|---|---|---|---|---|---|---|---|---|---|---|---|---|
| | | | Flug-gäste | Per-sonal | Flug-gäste | Per-sonal | Bedie-nungs-fehler | Ma-terial-fehler | Motor-schäden | Wetter | Flug-platz | Son-stiges |
| 1 | 2 | 3 | 4 | 5 | 6 | 7 | 8 | 9 | 10 | 11 | 12 | 13 |
| Planmäßig.Luftverkehr | 91 | 653000 | 24 | 9 | 25 | 24 | 23,3 | 10,6 | 19,0 | 30,3 | 12,7 | 4,1 |
| Privatfliegerei . . . . . | 2033 | 85900 | 213 | 277 | 281 | 481 | 55,4 | 10,4 | 17,0 | 4,9 | 9,3 | 3,0 |
| Zivilluftfahrt, gesamt | 2124 | 110000 | 237 | 286 | 306 | 505 | 54,0 | 10,4 | 17,1 | 6,0 | 9,4 | 3,1 |

Während im planmäßigen Luftverkehr ein Unfall auf 653000 Flug-km entfällt, sind es im außerplanmäßigen oder privaten Luftverkehr 85000 Flug-km. Unter Unfall ist dabei jeder einem Flugzeug zugestoßene Schaden mit und ohne tödlichen Ausgang für die Insassen zu verstehen. Wenn auch an den Verkehrsleistungen, in Gestalt der Flug-km gemessen, der planmäßige Luftverkehr in den Vereinigten Staaten von Amerika nur 25,5% des gesamten Luftverkehrs beträgt, so ist doch auch aus der Zahl der getöteten Reisenden und Betriebspersonen zu erkennen, wie erheblich ungünstiger die Privatfliegerei dasteht. Worauf dieser Unterschied zurückzuführen ist, ist am besten aus der Unfallanalyse der gleichen Tabelle 19 zu ersehen. Es entfallen auf Bedienungsfehler, also auf mangelnde Schulung, im Privatluftverkehr allein 55,4% aller Ursachen gegenüber 23,3% im planmäßigen Verkehr. Bei den anderen Unfallursachen, wie Materialfehler, Motorschäden und Flugplätze, ist der Anteil nahezu gleich, dagegen liegen die Ursachen infolge Wetter beim planmäßigen Luftverkehr erheblich höher als beim Privatluftverkehr. Die Erklärung hierfür ist vor allem in einem im Interesse der Regelmäßigkeit liegenden, fast rücksichtslosen Fliegen der Postflugzeuge bei jedem Wetter zu suchen und in einer starken Zurückhaltung der Privatflieger bei schlechter Wetterlage. Der hohe Anteil von 30,3% an den Unfallursachen infolge Wetter beim planmäßigen Luftverkehr entfällt in erster Linie auf Nebel, der trotz der ausgezeichneten Flugsicherung in den Vereinigten Staaten von Amerika noch nicht genügend in seinen gefährlichen Wirkungen ausgeschaltet werden kann. Im einzelnen verteilen sich die Unfallursachen im planmäßigen Luftverkehr nach der sehr instruktiven Tabelle 20. Sie gibt ein besonders klares Bild über die Schwächen, die heute noch im Flugbetrieb die Sicherheit gefährden, und damit wichtige Fingerzeige, sie zu beseitigen.

Das Handelsministerium hat von vornherein besonderen Wert darauf gelegt, auch den Nachtluftverkehr auf den großen Strecken einzurichten. Heute sind bereits 51% des gesamten Netzes der innerstaatlichen Fluglinien befeuert, auf denen sich ungefähr ein Drittel der gesamten Leistungen im Luftverkehr zur Nachtzeit abwickelt. In diesem Zusammenhange ist es interessant, daß der Nachtflug von vielen Fluggästen vorgezogen wird, weil er ein ruhigeres Fliegen bietet.

Eine nicht unwichtige Erscheinung zur Bekämpfung der Behinderungen des Luftverkehrs durch Nebel bildet das ausgezeichnete Straßennetz von Amerika. Da auf ihm mit hohen Geschwindigkeiten gefahren werden kann, so kann durch besondere Nachrichtenverbindung zwischen Flughäfen und Flugzeugen der Pilot rechtzeitig veranlaßt werden, auf einem benachbarten nebelfreien Flughafen zu landen, wenn der Zielhafen im Nebel liegt. Der Zeitverlust, der dabei eintritt, kann dann durch den Kraftwagendienst auf ein Mindestmaß beschränkt werden.

Von den im Jahre 1930 nicht durchgeführten 3275 Flügen, das sind 6,1% der geplanten Flüge, wurden 91% durch Wetter, 1,6% infolge Maschinenschaden und 6,4% infolge Mangel an Verkehr verhindert, ein gutes Zeichen für die Güte der Maschinen.

Tabelle 20. **Analyse der Unfallursachen im planmäßigen Luftverkehr der Vereinigten Staaten von Amerika im Jahre 1930.**

| Ursache | % | Ursache | % |
|---|---|---|---|
| **Piloten:** | | **Zellenkonstruktion:** | |
| Beobachtungsfehler | 7,6 | Flugüberwachungssystem | 0 |
| Mangelnde technische Kenntnisse | 6,6 | Bewegliche Flächen | 0 |
| Nichtbefolgen von Vorschriften | 0 | Stabilisierungsflächen | 0 |
| Unaufmerksamkeit oder Fahrlässigkeit | 4,9 | Tragflügel, Verstrebung, Verspannung | 0 |
| Verschiedenes | 1,7 | Fahrgestell | 4,9 |
| | | Räder, Bereifung, Bremsen | 3,3 |
| Verschulden des Piloten | 20,8 | Schwimmer oder Boot | 0 |
| | | Rumpf, Motorbock, Beschläge | 0 |
| **Anderes Personal:** | | Schwanzsporn | 0 |
| Überwachung | 1,4 | Verschiedenes | 0 |
| Verschiedenes | 1,1 | Unbestimmtes | 0 |
| Verschulden des Personals (gesamt) | 23,3 | Gesamte Zellenkonstruktion | 8,2 |
| | | Anordnung der Bedienungsvorrichtungen | 2,4 |
| **Triebwerksanlage:** | | Instrumente | 0 |
| Brennstoffanlage | 0,8 | Gesamtanteil der Flugzeugzelle | 10,6 |
| Kühler | 0 | **Verschiedenes:** | |
| Zündung | 0,8 | Wetter | 29,7 |
| Ölförderung | 0,6 | Dunkelheit | 0,6 |
| Motor | 11,3 | Flughafen und Bodenbeschaffenheit | 12,7 |
| Propeller und Zubehör | 1,1 | Sonstige Ursachen | 1,6 |
| Motorenüberwachungsanlage | 0 | Gesamtanteil Verschiedenes | 44,6 |
| Verschiedenes | 0 | | |
| Unbestimmtes | 4,4 | | |
| Gesamte Triebwerksanlage | 19,0 | Unbestimmt und zweifelhaft: | 2,5 |

## 2. Maßnahmen für die Sicherheit im Luftverkehr.

Der Verbesserung der Sicherheit im Luftverkehr wird sowohl seitens des Handelsministeriums wie seitens der Gesellschaften besondere Aufmerksamkeit geschenkt. Der Staat nimmt vor allem im Interesse der Sicherheit Einfluß auf den Flugzeugbau durch die Abnahme des Flugzeugs für den Betrieb, die „License". Eine einheitliche Regelung in den gesamten Vereinigten Staaten von Amerika ist bis heute noch nicht durchgeführt. Nach dem Luftfahrt-Gesetz kann die Bundesregierung nur Einfluß auf den zwischenstaatlichen Luftverkehr nehmen, also nur dann die Forderung einer bundesstaatlichen Kontrolle stellen, wenn die Flugzeuge im zwischenstaatlichen Verkehr benutzt werden. Im übrigen stehen den einzelnen Staaten die Hoheitsrechte zu. Diese haben sehr verschiedene Regelungen getroffen. In einzelnen Staaten wird von jedem Flugzeug, auch wenn es nicht im zwischenstaatlichen Verkehr benutzt wird, eine bundesstaatliche Abnahme verlangt. In anderen Staaten ist sie nur für Verkehrsflugzeuge vorgeschrieben. In einzelnen Staaten tritt eine Kontrolle des Staates selbst (stately license) an die Stelle der Bundeskontrolle und wieder in anderen Staaten existieren überhaupt keine Vorschriften. Es bestehen starke Bestrebungen, Einheitlichkeit über das gesamte Bundesgebiet zu erreichen, trotzdem heute schon von 8893 Zivilflugzeugen 6655 die bundesstaatliche Abnahme aufweisen. Über die Abnahmebestimmungen hinaus beeinflußt auch die Regierung die Konstruktion der Flugzeuge und Motore.

Neben dieser behördlichen Beeinflussung des Flugzeugbaues hat weiterhin als wissenschaftliche Institution das „National Advisory Committee for Aeronautics" wesentlichen Anteil an der ständigen Verbesserung der Typen. Von privater Seite sind gleichfalls Mittel zur Verfügung gestellt worden, um die Entwicklung der Luftfahrt zu fördern, besonders ist hier der Daniel Guggenheim-Fonds zu erwähnen. Der von ihm ausgeschriebene Sicherheitswettbewerb hatte zweifellos für die Erhöhung der Sicherheit speziell in der Konstruktion der Fahrzeuge große Bedeutung.

Mit der Konstruktion des Flugmaterials ist besonders seine Unterhaltung für die Betriebssicherheit wichtig. Ihr widmen die Luftverkehrsgesellschaften besondere Aufmerksamkeit. In ähnlicher Weise wie auch in anderen Ländern werden neben der laufenden Wartung und Unterhaltung von Zeit zu Zeit Grundüberholungen der Zellen und Motoren vorgenommen und bei einzelnen Gesellschaften zwischen diesen Grundüberholungen in gewissen Zeitabschnitten größere Kontrollen durchgeführt. Allgemein kann gesagt werden, daß entsprechend der guten Qualität der amerikanischen Flugmotore die Zeitabschnitte zwischen zwei Grundüberholungen größer sind als in Europa, ohne daß dadurch die Sicherheit leidet. Auch bei den Flugzeugzellen ist die Flugleistung zwischen zwei Grundüberholungen meist höher, was zum großen Teil auf die bei den größeren, gut organisierten Gesellschaften wesentlich bessere Ausnutzung des Flugmaterials zurückzuführen ist. Diese wiederum ist mindestens teilweise dadurch bedingt, daß auch während des Winters der gleiche Luftverkehr wie im Sommer mit einer verhältnismäßig hohen Regelmäßigkeit durchgeführt wird.

Die Organisation des Reparaturwesens ist bei den einzelnen Gesellschaften verschieden. Allgemein ist eine verhältnismäßig starke Konzentration festzustellen, die für die Zukunft in noch größerem Maße geplant ist. Auch ist der Betrieb stark rationalisiert in der Form, daß da, wo mehrere Werkstätten vorhanden sind, jeder Werkstätte bestimmte Typen zugewiesen werden. Die bereits geschilderte starke Tendenz im Zusammenschluß der vielen Einzelgesellschaften in einige große Konzerne wird noch weiterhin von Einfluß auf die Rationalisierung im Werkstättenwesen sein, zum Vorteil nicht nur der Wirtschaftlichkeit, sondern auch vor allem der Sicherheit des amerikanischen Luftverkehrs. Je stärker die Spezialisierung der einzelnen Arbeitskräfte auf die Überwachung bestimmter Typen und Teile ist, um so größer ist die Gewähr für sachgemäße Durchführung der Arbeit.

Neben der guten Beschaffenheit des Flugmaterials ist für die Sicherheit des Luftverkehrs in erster Linie die Ausbildung des Personals von Bedeutung. Es sind daher seitens der Regierung gesetzliche Bestimmungen über die Prüfung und Zulassung der Piloten und Mechaniker gegeben. Nach diesen Bestimmungen wird die Ausbildung von privaten Flugschulen und von den Luftverkehrsgesellschaften durchgeführt. Die Zahl der privaten Flugschulen in den Vereinigten Staaten von Amerika ist außerordentlich groß. Zum größten Teil dienen diese Schulen der sehr weit verbreiteten Privatfliegerei.

Um ihrem Luftverkehrsbetrieb geeigneten Nachwuchs zuzuführen, haben verschiedene Gesellschaften in den letzten Jahren eigene Flugschulen eingerichtet, die eine besonders gute Ausbildung für Verkehrspiloten gewährleisten und im Ausbau sich stark an die Flugschulen des Militärs anlehnen. Wie die Lehrpläne dieser Schulen zeigen, ist die Ausbildung eine sehr gründliche. Man hat allgemein den Eindruck, daß die großen Luftverkehrsgesellschaften auf die Auswahl des geeigneten Flugpersonals und auf seine gründliche Ausbildung großen Wert legen. Nach meinen Feststellungen verlangen die Betriebsunternehmungen von ihren Piloten das Aufsuchen und Einhalten großer Flughöhen im Interesse der Flugsicherheit. Das gut ausgebildete Flugsicherungswesen unterstützt die Einhaltung dieser Forderung in besonderem Maße.

Auch die Aeronautical Chamber of Commerce in New York hat sich eingehend mit der Frage der Personalausbildung befaßt. Sie hat ein besonderes Komitee gegründet, das im Jahre 1930 in St. Louis die 1. Nationale Konferenz für die Ausbildung von Verkehrspiloten veranstaltet hat.

In diesem Zusammenhang ist es nicht uninteressant, zu erwähnen, daß es zweifellos auf die Mentalität des reisenden Publikums günstig einwirkt, daß die Piloten in einer einfachen blauen oder grauen Uniform mit Schirmmütze ihren Dienst tun. Da alle großen Verkehrsflugzeuge geschlossene Pilotensitze haben, erübrigt sich eine Spezialkleidung. Die Führersitze der reinen Postflugzeuge sind hingegen grundsätzlich offen, damit die durchweg mit Fallschirm ausgerüsteten Führer der Postmaschinen im Falle der Gefahr ungehindert abspringen können.

Zur Verhinderung der Zerstörung von Luftpost durch Feuer sind neuerdings besondere feuersichere Säcke aus Asbest von 6,8 kg Gewicht eingeführt worden. Im Jahre 1930 wurden von 3500 t Post 2,1 t durch Feuer zerstört, ein Verlust, der zweifellos erhebliche psychologische Wirkung für den Luftverkehr im ungünstigen Sinne auslöst.

Die Sicherheit im planmäßigen amerikanischen Luftverkehr steht zweifellos nach der in Abhandlung 1 dieses Heftes gegebenen Zusammenstellung über Unfälle im Luftverkehr mit an erster Stelle. Zwar arbeitet er in einem großen Teil des Landes, vor allem im Süden und Westen, unter

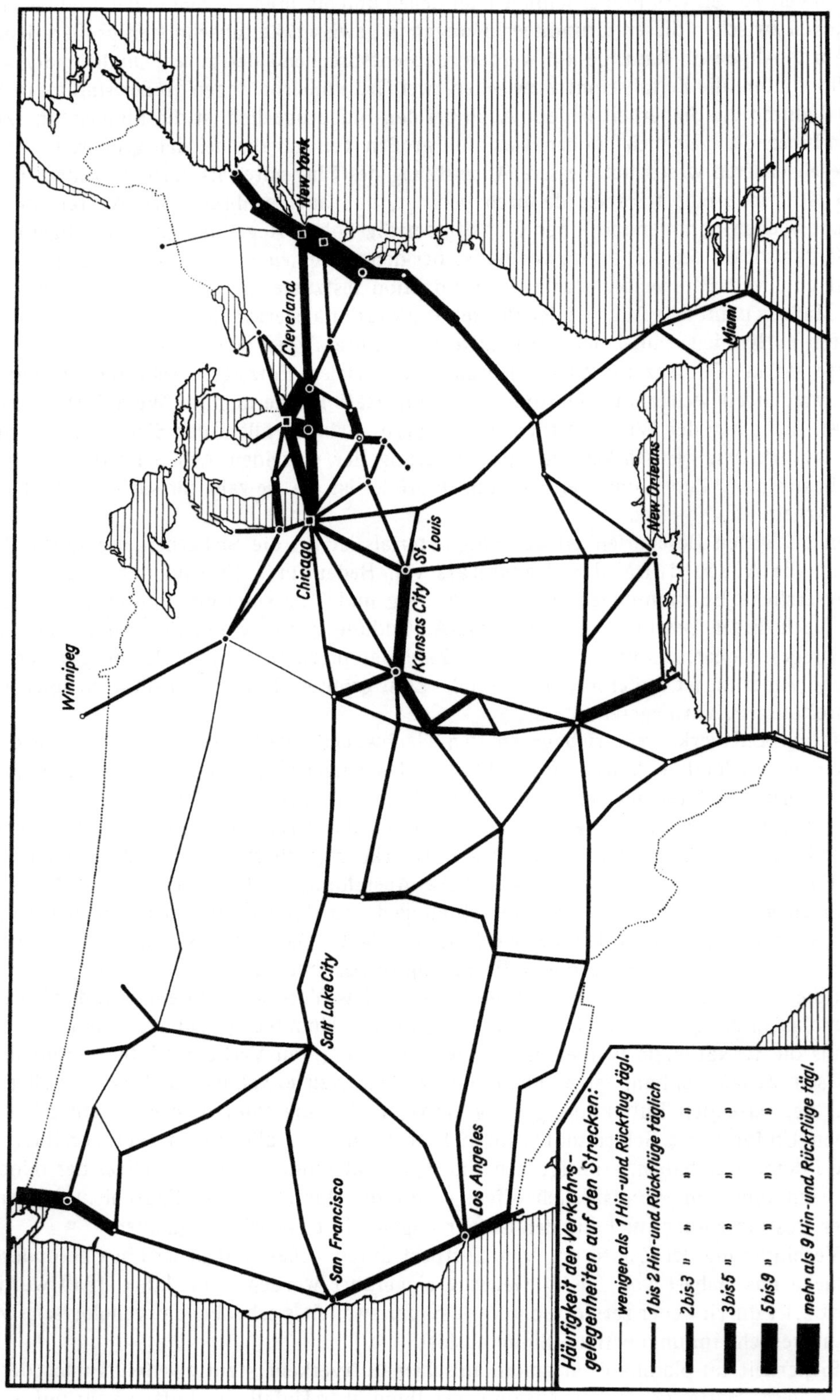


Abb. 13. Häufigkeit der Verkehrsgelegenheiten im Luftverkehr der Vereinigten Staaten von Amerika im Jahre 1930.

besonders günstigen meteorologischen Bedingungen, aber das kann allein nicht das günstige Verhältnis erklären, da auf fast allen amerikanischen Linien Sommer- und Winterverkehr ununterbrochen durchgeführt wird, während in Europa noch starke Einschränkungen im Winterluftverkehr vorgenommen werden. Und da sich der Luftverkehr weiterhin in großem Umfang in der Nacht abwickelt, so müssen besondere Gründe dafür vorliegen. Einer der wesentlichsten Gründe sind gute, leistungsfähige Motore, einheitliche Flugsicherung und gute Ausbildung der Piloten. Vor allem die einheitliche Flugsicherung hat ihre günstigen Auswirkungen nicht verfehlt. Wie bestimmend diese Einheit für einen sicheren und regelmäßigen Luftverkehr auf großen Raumweiten ist, kann am europäischen Luftverkehr ermessen werden, wo Sprachunterschiede und politische Hemmungen immer noch die Herstellung dieser Einheit stören. Die Großzügigkeit und die Geschlossenheit des amerikanischen Flugsicherungsdienstes ist eines der bedeutendsten Aktiva, das den Vereinigten Staaten von Amerika ihren schnellen Aufstieg im Luftverkehr ermöglichte und ihnen den Ausbau des Weltluftverkehrsnetzes erleichtern wird.

## VI. Leistungsfähigkeit im Luftverkehr.

### 1. Regionale Ausdehnung des Luftverkehrsnetzes.

Der Charakter des heutigen, in Abb. 13 dargestellten innerstaatlichen Luftverkehrsnetzes der Vereinigten Staaten von Amerika liegt in seinen Hauptluftverkehrslinien zwischen Osten und Westen und deren Querverbindungen von Norden nach Süden. Während die ersteren im wesentlichen den starken Verkehrsströmen, die in der Hauptsache parallel mit bestehenden Eisenbahnen gehen, ihr Bestehen verdanken, ergänzen die Nord-Süd-Verbindungen das für diese Verkehrsrichtung zum Teil recht mangelhaft ausgebaute Eisenbahn- und Straßennetz. Neben diesen Hauptlinien der 3. Dimension, also von über 1000 km Länge mit transkontinentalem Charakter liegen Strecken der 2. Dimension zwischen 500 und 1000 km Länge mit kontinentalem Charakter und einige wenige Strecken der 1. Dimension unter 500 km Länge. Damit bietet das amerikanische Luftverkehrsnetz ein außerordentlich wichtiges Versuchsfeld der Leistungsfähigkeit und Wirtschaftlichkeit im Luftverkehr in der dreifachen Struktur seiner Netzteilung. Wie kaum in einem anderen Land überlagern und ergänzen sich die Netze der 1. bis 3. Dimension.

### 2. Verkehrs- und Betriebsleistungen.

Die auf dem Luftweg beförderten Verkehrsarten haben zeitlich sich in verkehrswirtschaftlich günstigem Sinne eingestellt, insofern als in der ersten Zeit bis zum Jahre 1928 vorwiegend Post, dann anschließend in größerem Maße Personen und zuletzt Fracht befördert wurden. Abb. 14 gibt einen Überblick über die außerordentlich starke Entwicklungstendenz im Luftverkehr in den Jahren 1926 bis 1930 nach den Verkehrsmengen in Tonnen und den Verkehrsleistungen in tkm. In den

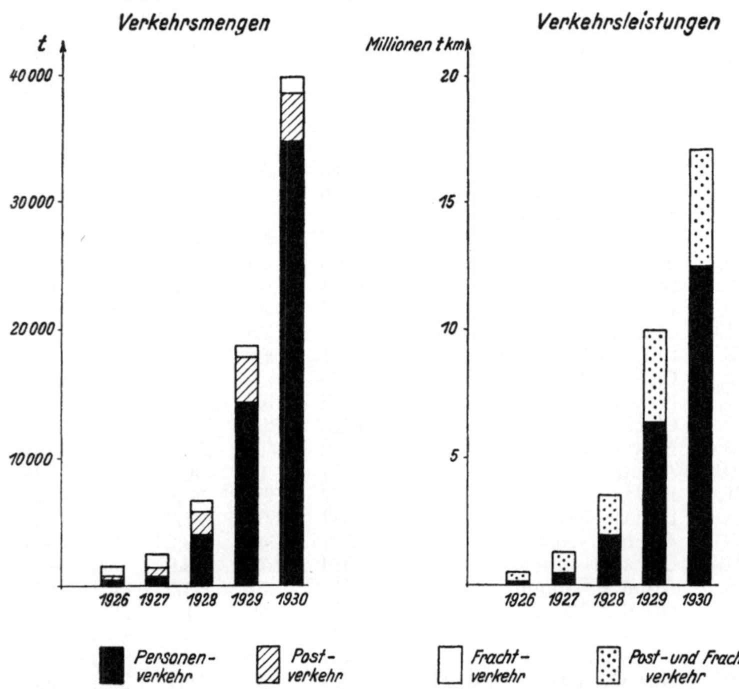


Abb. 14. Verkehrsleistungen im Luftverkehr der Vereinigten Staaten von Amerika in den Jahren 1926 bis 1930.

letzten Jahren ist vor allem die Zunahme des Personenverkehrs besonders stark, was auf Tarif-
senkung und auf die Förderung, die der Personenverkehr durch die Postverwaltung erfährt, im
wesentlichen zurückzuführen ist. Zwar ist diese letztere Förderung mehr als Versuch zu werten,
da die öffentliche Meinung auf verstärkte Einrichtung des Personenverkehrs trotz anerkannter
großer Unwirtschaftlichkeit drängte. Sollte sich herausstellen, daß der Personenverkehr als eine
sehr starke Belastung für den Postverkehr sich auswirkt und ihn unwirtschaftlich macht, so ist das
Postministerium entschlossen, sich wieder auf den Postverkehr allein einzustellen. Das finanzielle
Rückgrat ist auch heute noch der Postluftverkehr. Es verdienen daher die in ihm beförderten
Postmengen, seine Regelmäßigkeit und seine Einnahmen eine besondere Beachtung.

Hierzu gibt Tabelle 21 über die C.A.M.- oder Postlinien näheren Aufschluß, und zwar getrennt
nach den verschiedenen Strecken. Die im Jahre 1930 beförderten Postmengen in Höhe von 3640 t
machen allein 1,5% der gesamten amerikanischen Briefpost aus, ein Prozentsatz, der bei der kurzen
Zeit des bestehenden Postluftverkehrs als sehr hoch angesprochen werden muß. Sehr aufschlußreich ist die durchschnittliche Nutzlast an Post je Flug. An erster Stelle stehen hier die Strecken,
die die bedeutendsten Geschäftszentren des Kontinents luftverkehrstechnisch auf große Entfernungen miteinander verbinden:

Die Strecke Chicago—San Francisco . . . . . . . . . mit 920 kg/Flug,<br>
die Strecke New York—Chicago . . . . . . . . . . . mit 445 kg/Flug.

Wie aus Tabelle 22 zu ersehen ist, liegt die durchschnittliche Belastung eines Flugzeugs mit Post
bereits bei $^1/_3$ der gesamten Strecken über 200 kg/Flug, bei einem weiteren Drittel bewegt sie sich

**Tabelle 21. Verkehrsleistungen, Regelmäßigkeit und Verkehrseinnahmen der Luftpost- oder CAM-Strecken im Jahre 1929 und 1930.**

| Strecke Nr. | Von — nach | Flugleistungen geflog. 1000 km | | Verkehrsleistungen | | | | Regel- mäßigkeit | | Durchschnittl. Einnahmen je Flug-km in RM. | |
|---|---|---|---|---|---|---|---|---|---|---|---|
| | | | | beförd. Tonnen | | kg je Flug | | | | | |
| | | 1929 | 1930 | 1929 | 1930 | 1929 | 1930 | 1929 | 1930 | 1929 | 1930 |
| 1 | 2 | 3 | 4 | 5 | 6 | 7 | 8 | 9 | 10 | 11 | 12 |
| 1. | Boston—New York | 190 | 286 | 52,5 | 54,3 | 75,0 | 64,0 | 88,0 | 91,0 | 7,70 | 3,24 |
| 2. | Chicago—St. Louis | 516 | 600 | 35,0 | 27,6 | 28,7 | 20,5 | 94,5 | 90,0 | 1,17 | 1,45 |
| 3. | Chicago—Dallas | 1875 | 2195 | 177,0 | 196,0 | 143,5 | 157,0 | 89,4 | 91,0 | 2,63 | 2,32 |
| 4. | Salt Lake City—San Diego | 1142 | 1497 | 343,0 | 386,0 | 279,0 | 332,0 | 96,5 | 96,0 | 8,35 | 4,47 |
| 5. | Salt Lake City—Seattle | 763 | 1562 | 107,0 | 127,0 | 112,0 | 151,0 | 93,6 | 93,0 | 3,90 | 2,42 |
| 8. | Seattle—San Diego | 1224 | 1310 | 115,2 | 130,0 | 169,5 | 200,0 | 98,1 | 97,0 | 2,48 | 2,30 |
| 9. | Chicago—St. Paul | 1135 | 1588 | 81,3 | 101,2 | 54,2 | 92,5 | 93,5 | 96,0 | 1,83 | 1,72 |
| 11. | Cleveland—Pittsburgh | 228 | 308 | 43,9 | 29,3 | 35,0 | 21,6 | 92,2 | 92,0 | 5,06 | 2,34 |
| 12. | Cheyenne—Pueblo | 241 | 288 | 44,9 | 40,2 | 56,8 | 58,4 | 95,6 | 94,0 | 1,43 | 1,48 |
| 16. | Cleveland—Louisville | 572 | 400 | 43,4 | 35,8 | 37,9 | 50,8 | 89,5 | 91,0 | 0,86 | 1,20 |
| 17. | New York—Chicago | 1955 | 2040 | 733,0 | 762,5 | 390,0 | 445,0 | 89,9 | 89,0 | 3,00 | 2,85 |
| 18. | Chicago—San Francisco | 4020 | 4350 | 810,0 | 935,0 | 610,0 | 920,0 | 97,1 | 95,0 | 3,83 | 3,65 |
| 19. | New York—Atlanta | 895 | 1718 | 154,0 | 208,0 | 188,0 | 157,0 | 88,9 | 90,0 | 4,80 | 3,29 |
| 20. | Albany—Cleveland | 521 | 417 | 46,2 | 28,9 | 58,0 | 52,0 | 91,4 | 91,0 | 0,91 | 0,94 |
| 21. | Dallas—Galvestone | 372 | 356 | 20,5 | 15,9 | 27,6 | 25,0 | 97,1 | 94,0 | 1,48 | 1,28 |
| 22. | Dallas—Brownsville | 587 | 602 | 37,9 | 40,2 | 53,2 | 61,5 | 97,1 | 96,0 | 1,73 | 1,76 |
| 23. | Atlanta—New Orleans | 507 | 547 | 39,2 | 49,5 | 55,6 | 71,6 | 92,6 | 96,0 | 1,25 | 1,52 |
| 24. | Chicago—Cincinnati | 584 | 578 | 35,9 | 34,8 | 24,4 | 26,8 | 91,3 | 88,0 | 0,84 | 0,89 |
| 25. | Atlanta—Miami | 752 | 852 | 55,0 | 84,8 | 80,5 | 129,0 | 97,0 | 95,0 | 0,99 | 1,37 |
| 26. | Great Falls—Salt Lake City | 659 | 786 | 31,4 | 28,6 | 35,2 | 30,0 | 93,9 | 99,0 | 1,09 | 1,20 |
| 27. | Bay City—Chicago | 771 | 968 | 78,5 | 83,0 | 111,2 | 133,0 | 88,0 | 91,0 | 0,84 | 1,26 |
| 28. | St. Louis—Omaha | 410 | 912 | 29,5 | 81,8 | 43,6 | 59,0 | 93,0 | 95,0 | 0,52 | 0,66 |
| 29. | New Orleans—Houston | 329 | 374 | 19,1 | 23,6 | 29,1 | 32,8 | 97,6 | 99,0 | 0,54 | 0,61 |
| 30. | Chicago—Atlanta | 844 | 1005 | 44,4 | 55,8 | 60,5 | 73,0 | 93,0 | 90,0 | 0,38 | 0,52 |
| 32. | Pasco—Seattle | 162 | 284 | 24,5 | 37,4 | 95,4 | 96,0 | 91,5 | 93,0 | 0,13 | 0,11 |
| 33. | Atlanta—Los Angeles[1] | — | 536 | — | 20,9 | — | 145,0 | — | 89,0 | — | 2,34 |
| 34. | New York—Los Angeles[1] | — | 609 | — | 21,9 | — | 205,0 | — | 74,0 | — | 1,02 |
| | Gesamt | 21254 | 26908 | 3202,3 | 3640,3 | 135,0 | 152,0 | 93,5 | 92,8 | 2,74 | 2,28 |

[1] Neu eröffnet im Jahre 1931.

zwischen 100 bis 200 kg/Flug. Damit haben die auf ein Flugzeug kommenden Briefpostmengen in Amerika bereits einen Stand erreicht, der die besten Vorbedingungen für eine günstige Ausnutzung des Flugzeugparks und der Wirtschaftlichkeit im Postluftverkehr schafft. Über die Einnahmen im Postverkehr wird im Abschnitt „Wirtschaftlichkeit" gesprochen werden.

Tabelle 22. **Mittlere Flugzeugbelastung in den Vereinigten Staaten von Amerika 1930.**

| | | km Netzlänge | in % |
|---|---|---|---|
| Personenverkehr | mehr als 8 Personen/Flug . . | 800 | 2,3 |
| | 6—8 Personen/Flug . . . . | 1 550 | 4,3 |
| | unter 6 Personen/Flug . . . | 32 650 | 93,4 |
| Postverkehr | mehr als 200 kg/Flug . . . . | 11 000 | 31,4 |
| | 100—200 kg/Flug . . . . . . | 13 300 | 38,0 |
| | unter 100 kg/Flug . . . . . | 10 700 | 30,6 |
| Frachtverkehr | über [1]) 20 kg/Flug . . . . . | 350 | 1,2 |
| | unter 20 kg/Flug . . . . . . | 29 650 | 98,8 |

[1]) Außer dem Verkehr der Fordlinien, die durchschnittlich 580 kg/Flug befördern.

Über die gesamten Leistungen im amerikanischen Luftverkehr im Transport von Post, Personen und Fracht sowie ihre Verteilung auf die verschiedenen Luftverkehrsgesellschaften gibt Tabelle 18 einen Anhalt. Zunächst ist bemerkenswert, daß im Personen- und Frachtverkehr die kleinen Gesellschaften, im Postverkehr dagegen die großen Gesellschaften den Hauptanteil des Verkehrs übernommen haben. Die kleinen Gesellschaften bedienen den Gelegenheits- und Nahluftverkehr, wie aus der Personen-km-Leistung hervorgeht, die erheblich unter den Leistungen der am meisten im Personenverkehr benutzten südlichen Transkontinentallinien liegt. Auf einzelnen kleinen Linien ist außerdem der Frachtverkehr bis zu einem gewissen Grade entwickelt, doch haben den Hauptanteil an dieser Frachtbeförderung die Ford-Werke in Detroit.

Besonders charakteristisch prägt sich die Verteilung der Verkehrsarten auf die verschiedenen Gesellschaften und Linien aus, wenn wir im Zusammenhang mit Abb. 12 die Streckenbelastungskarte im Luftverkehr der Vereinigten Staaten von Amerika nach Abb. 15 betrachten. In dieser Karte ist die durchschnittliche jährliche Belastung der einzelnen Linien mit Post, Fracht und Personen, letztere auch in Tonnen ausgedrückt, in der Form dargestellt, daß die Stärken der Flächen neben den Linien und ihre Signatur die vorherrschenden Verkehrsarten nach ihrer Größe angeben. So werden im Personenverkehr vor allem aus meteorologischen Gründen die beiden südlichen Transkontinentallinien benutzt, während die kürzeste Transkontinentalstrecke New York—San Francisco dem Postverkehr dient, der ungünstige meteorologische Verhältnisse eher in Kauf nehmen kann als der in diesem Punkt empfindliche Reisendenverkehr. Der starke Personenverkehr in Kalifornien entspricht den guten Witterungsverhältnissen an der Westküste und dem hohen Lebensstandard der Bewohner. Der Frachtverkehr liegt bei Detroit, dem Einflußgebiet des von Ford aufgezogenen starken Werksverkehrs. Besonders lebhaft ist weiterhin noch der Personenverkehr von Chicago in der Richtung nach Südosten, nach dem entwicklungsreichen Staate Texas, einem Gebiet, das noch wenig günstig mit Eisenbahnen und Straßen ausgebaut ist und dem Luftverkehr daher besondere Vorzüge bietet.

Wie sehr der Verkehrsumfang pro Flug sich noch in verhältnismäßig niedrigen Grenzen bewegt, zeigt Tabelle 22 über die mittlere Flugzeugbelastung im Personen-, Post- und Frachtverkehr. Bei 93,4% des für den Personenverkehr eingerichteten gesamten Luftliniennetzes liegt die durchschnittliche Belastung unter 6 Personen je Flug. Dagegen weisen die Postlinien schon eine sehr gute Belastung der Flugzeuge auf. Auffallend gering ist im Frachtverkehr die Auslastung. Sie liegt bei 98,8% unter 20 kg je Flug, wobei allerdings zu berücksichtigen ist, daß der von Ford aufgezogene Werksverkehr mit 570 kg je Flug erheblich höher liegt und große Möglichkeiten für die zukünftige Entwicklung zeigt. In der durchschnittlichen Belastung der Flugzeuge liegt ein sehr wertvoller

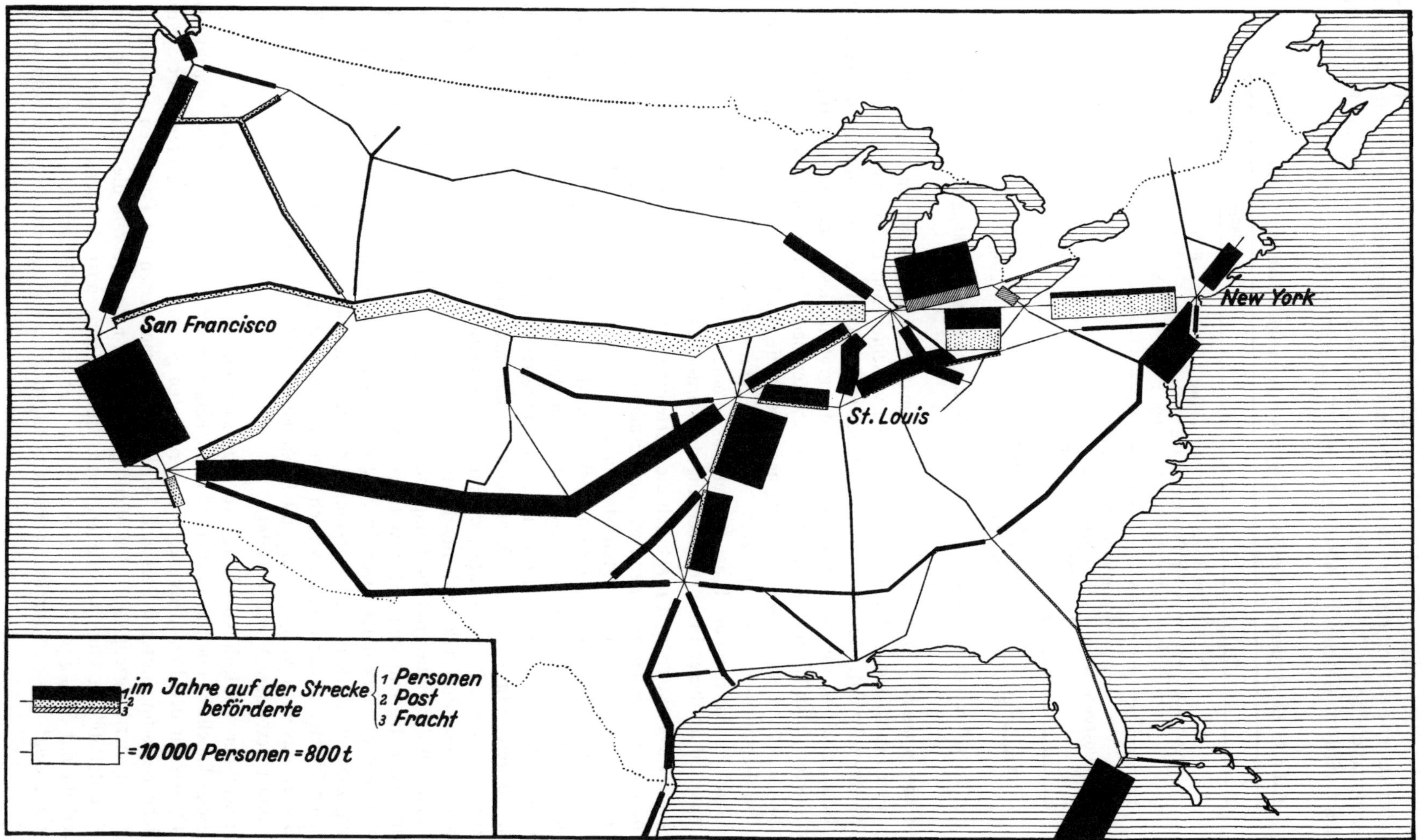


Abb. 15.  Streckenbelastung im Luftverkehr der Vereinigten Staaten von Amerika im Jahre 1930.

Anhaltspunkt für die weitere Entwicklung der Verkehrsflugzeuge in Abhängigkeit von dem Verkehrsbedürfnis. Eine in dieser Richtung zuverlässig geführte Belastungsstatistik wird die Luftfahrt-Industrie vor Konstruktionen bewahren, die im Betrieb nicht den genügenden Verkehrswert aufweisen.

### 3. Verkehrsschwankungen im Luftverkehr.

Der Luftverkehr in den Vereinigten Staaten von Amerika gestattet auf Grund seiner langjährigen Erprobung und Arbeit im Dienste der Briefbeförderung eine Untersuchung über die bei ihm eintretenden Verkehrsschwankungen. Da die Verkehrsschwankungen die Anforderungen an den Luftfahrzeugpark stark beeinflussen, so ist ihre Kenntnis für die wirtschaftliche Betriebsführung von besonderer Bedeutung.

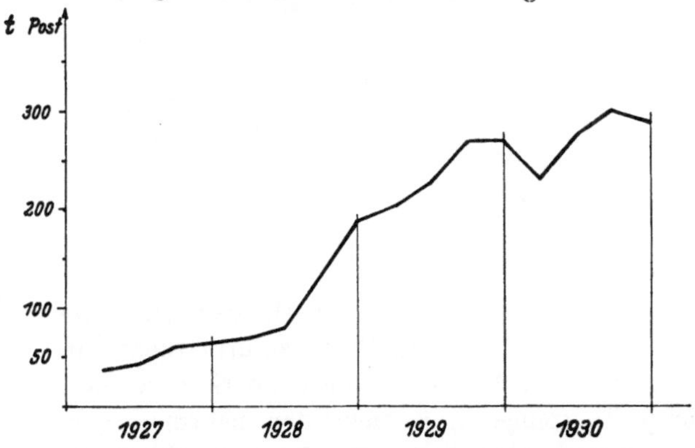


Abb. 16. Jahresschwankungen im Luftpostverkehr der Vereinigten Staaten von Amerika in den Jahren 1927 bis 1930.

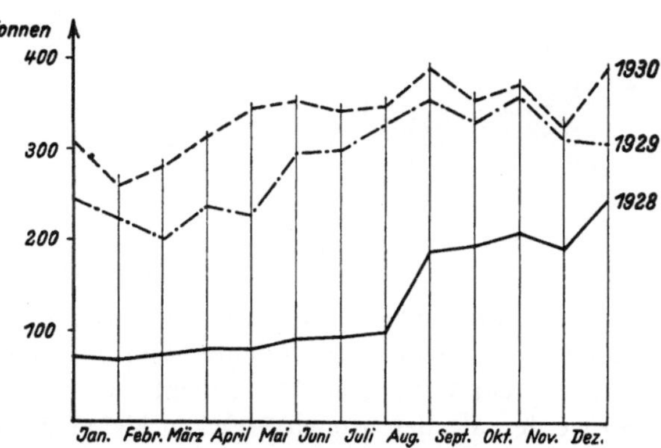


Abb. 17. Monatsschwankungen im Luftpostverkehr der Vereinigten Staaten von Amerika in den Jahren 1928 bis 1930.

In Abb. 16 sind zunächst die Jahresschwankungen in der Zeit von 1927 bis 1930 veranschaulicht für den Luftpostverkehr, der bisher in erster Linie dem Transport von Briefen diente. Ihre Charakteristik steht unter einer im Laufe eines jeden Jahres sich steigernden Luftverkehrskonjunktur. Nur im Jahre 1930 brachte der wirtschaftliche Rückschlag auch eine Abnahme im Postverkehr über die Saisonschwankungen hinaus. Die innerhalb eines Jahres liegenden Saisonschwankungen sind aus Abb. 17 für die Jahre 1928 bis 1930 zu erkennen. Die in dieser Abbildung aufgetragenen Monatsschwankungen zeigen naturgemäß noch keine reinen Saisonschwankungen, da sie noch stark von Konjunkturschwankungen überlagert sind. Immerhin liegt bereits eine gewisse Gleichmäßigkeit im Verkehrsanfall der Post vor, die nur zur Weihnachtszeit stärker beunruhigt wird. Diese Gleichmäßigkeit im Verkehrsanfall beeinflußt den Luftpostverkehr besonders günstig. So liegt auch in dieser betriebswirtschaftlichen Seite ein Vorzug des Postverkehrs gegenüber dem Personenverkehr mit seinen starken Saisonschwankungen und Verkehrsspitzen. Besonders charakteristisch sind die stündlichen Schwankungen im Luftpostverkehr, wie sie Abb. 18 erkennen läßt. Sie entsprechen an sich den üblichen Auswirkungen des Geschäftsverkehrs für die Briefpost. Sie geben aber klar zu erkennen, zu welchen Tageszeiten das Luftverkehrsmittel die Post aufnehmen muß, wenn eine schnelle Beförderung im Interesse der großen

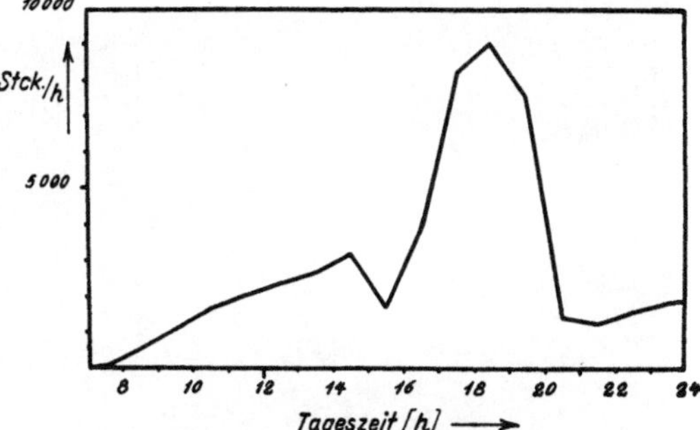


Abb. 18. Stündliche Schwankungen der Auflieferungsmengen für Luftpost in Chicago im Jahre 1930.

Mehrzahl der Versender und einer guten Auslastung der Flugzeuge erzielt werden soll. Die Kummulierung des Postanfalls in den Nachmittagsstunden weist auf den großen Wert hin, den ein Postluftverkehr zur Nachtzeit dem Geschäftsleben bieten kann und auf die Möglichkeiten, die sich daraus für die Wirtschaftlichkeit des Postluftverkehrs überhaupt ergeben.

Abb. 19. Modernes Postflugzeug, Typ Northrop.

### 4. Flugzeugtypen und Entwicklungsziele.

Die Leistungsfähigkeit im Luftverkehr wird, was die zu befördernden Verkehrsarten anbelangt, auch in Zukunft gerichtet sein auf die Steigerung des Post- und Personenluftverkehrs, in besonderem Maße aber dem Frachtluftverkehr sich zuwenden. Was den Flugzeugpark anbelangt, so werden auf den großen Strecken kleine einmotorige Flugzeuge immer mehr den mehrmotorigen großen Typen weichen, je mehr der Personenluftverkehr sich durchsetzt. Im Postluftverkehr werden kleinere, schnellfliegende Flugzeuge weiterhin Verwendung finden, als deren modernste Type der in Abb. 19 wiedergegebene Ganzmetall-Tiefdecker von Northrop in Frage kommt. Auf reinen Personenverkehrslinien, die im Laufe der letzten zwei Jahre sich sehr rasch entwickelt haben, und auf den Postlinien mit stärkerem Personenverkehr sind 3 motorige Ford-Maschinen (Abb. 20) und 3 motorige Fokker F 10 (Abb. 21) weit verbreitet. Die neuere Type Fokker F 32 (Abb. 22) mit

Abb. 20. Dreimotoriges Personenflugzeug, 10 Sitze, Typ Ford-II A.

Abb. 21. Dreimotoriges Personenflugzeug, 10 Sitze, Typ Fokker F 10.

32 Sitzplätzen hat sich im regelmäßigen Betrieb der Western Air Express Co. auf der transkontinentalen Strecke St. Louis—Los Angeles bisher gut bewährt. Es ist damit zu rechnen, daß diese Type im Laufe der nächsten Jahre größere Bedeutung gewinnen wird. Als Maschine für den privaten Luftverkehr wird die in Abb. 23 wiedergegebene Type Lockheed-Vega bevorzugt, die eine Geschwindigkeit von 250 km/h aufweist.

Neben der Größe und Bequemlichkeit der Flugzeuge wird die Geschwindigkeit ein erhebliches Moment der Leistungsfähigkeit darstellen. Allgemein erreichen die amerikanischen Flugzeuge größere Reisegeschwindigkeiten, als sie in Europa üblich sind. Entsprechend den wesentlich geringeren Betriebsstoffkosten liegt wenig Anreiz vor, an der Motorleistung allzusehr zu sparen. Weiterhin verringern sich bei größeren Geschwindigkeiten einzelne Kostenteile wie beispielsweise die Pilotengehälter, die bei der hohen Besoldung sehr ins Gewicht fallen. Die großen Entfernungen, die zu überbrücken sind, geben einen erhöhten Anreiz zur Steigerung der Fluggeschwindigkeit. So ist vor allem in der neueren Zeit die Tendenz sehr stark, die Reisegeschwindigkeit wesentlich zu erhöhen. Zweifellos liegt in der großen Geschwindigkeit ein Hauptfaktor der Überlegenheit des

Abb. 22. Viermotoriges Personenflugzeug, 32 Sitze, Typ Fokker F 32.

5*

Abb. 23.  Einmotoriges Flugzeug für den privaten Luftverkehr, Typ Lockheed-Vega.

Flugzeugs über alle anderen Verkehrsmittel, besonders in einem Land, in dem die Bewohner den Ortswechsel lieben.  In der richtigen Erkenntnis dieser Tatsache ist man in Amerika sehr bemüht, diesen Vorteil soweit als irgend möglich auszunutzen.

Über die Ausnutzung des angebotenen Laderaums bzw. der angebotenen Plätze liegen Statistiken nicht vor. Einzelne Ermittlungen lassen auf einen verhältnismäßig guten Auslastungsgrad schließen. Zweifellos hat das seine Ursache zum Teil ebenfalls in den großen Entfernungen. Eine Reise über lange Strecken und für längere Zeit wird im allgemeinen zeitiger vorbereitet als eine ein- bis zweitägige Reise. So können die Flugscheine früher bestellt werden, und das wiederum gibt die Möglichkeit, durch etwaiges Umdisponieren den Auslastungsgrad der Flugzeuge zu steigern. Im Gegensatz zu dem seit langem gut durchgebildeten Briefpostverkehr und dem in letzter Zeit sich sehr rasch entwickelnden Personenverkehr ist der Warenversand mit Luftpost stark zurückgeblieben. Bei der Paketpost hat das seinen Grund darin, daß keine besonderen Luftpostpaketgebühren bestehen, sondern daß für Päckchen und Pakete jeweils der Luftpostzuschlag für Briefe des entsprechenden Gewichts zu zahlen ist. Dies ist bei einem Gewicht von mehreren Pfund naturgemäß schon eine so bedeutende Summe, daß sie abschreckend wirken muß. Es ist beabsichtigt, in absehbarer Zeit besondere Luftpostpaketgebühren einzuführen, was zweifellos eine Belebung dieser Verkehrsart zur Folge haben wird.

Die Ursachen des geringen Frachtluftverkehrs liegen wohl teilweise in den zu hohen Tarifen und anderseits darin, daß sich die Versender noch nicht genügend auf die neue Beförderungsmöglichkeit eingestellt haben. So kostet 1 tkm Eilgut auf dem Luftweg 2,7—6,0 RM. gegenüber 0,29 RM. auf Eisenbahnen. Demgegenüber ist bei Post der Unterschied mit 3,46 RM. bzw. 0,78 RM. je tkm erheblich geringer, so daß ihr Übergang auf den Luftweg mit Rücksicht auf die Erhöhung der Geschwindigkeit gegenüber den Eisenbahnen erklärlich ist. In letzter Zeit ist man sehr bemüht, im Luftfrachttransport besonderen Anreiz zu schaffen. Es haben Konferenzen stattgefunden zwischen Vertretern der Industrie und des Handels einerseits und den Vertretern der Luftfahrt anderseits, bei denen die Letzteren Vorschläge unterbreiteten, wie das Luftfrachtgeschäft belebt werden kann. Als praktische Auswirkung kann der inzwischen erfolgte Einsatz von reinen Frachtflugzeugen auf der Transkontinentalstrecke New York—Los Angeles angesehen werden.

In letzter Zeit sind besondere Bestrebungen im Gange, den Personenverkehr auf kürzeren Strecken in bestimmten, hierfür günstigen Verkehrsbeziehungen einzurichten. Die Bestrebungen bewegen sich in zweierlei Richtung: erstens wird das Flugzeug als Luftfähre dort eingesetzt, wo der langsame Schiffsfährenverkehr größere Städte auf Entfernungen von 15 bis 24 km bedient, zweitens sucht man große Städte im Osten mit besonders starkem Geschäfts- und Behördenverkehr auf Entfernungen unter 500 km im starren, stündlichen Flugplan zu verbinden.

Abb. 24.  Loening Amphibie im Begriff, die Ablaufbahn der Luftfähre zu ersteigen.

Ein besonders charakteristisches Beispiel für den ersten Fall ist die Luftfähre in San Francisco, deren Einrichtung ihren Grund in der geographischen Lage der beiden Städte San Francisco und Oakland an beiden Seiten der Bucht von San Francisco sucht.  Es besteht ein starker Wechselverkehr zwischen diesen beiden Städten, der sowohl als Berufs- wie als Geschäftsverkehr anzusprechen ist.  Die Reisedauer mit der Schiffsfähre beträgt etwa 40 Minuten, wozu die Anfahrt in beiden Städten kommt.  Hier ist mit dem Flugzeug eine bedeutende Ersparnis zu erzielen.  Unter führender Beteiligung der Standard Oil Company hat sich eine Gesellschaft gebildet, die Air Ferries Ltd., die von 8 Uhr morgens bis 6 Uhr abends nach starrem Fahrplan mit 20 Minuten Zeitfolge einen Luftverkehr zwischen beiden Städten betreibt.  Die Flugdauer beträgt 6 Minuten. Es werden Loening Amphibien benutzt, die in San Francisco auf dem Wasser niedergehen und mit eigener Kraft auf eine zu diesem Zwecke besonders konstruierte Plattform auflaufen (Abb. 24), während sie bei Oakland auf einem Landflughafen landen.  Der Flugpreis beträgt 1,50 Doll. gegenüber 0,25 Doll. für die Schiffsfähre.  Während in den ersten Monaten des Betriebs täglich durchschnittlich 700 Personen befördert wurden, ging, nachdem der Reiz der Neuheit vorüber war, die Zahl auf durchschnittlich 170 zurück und hat sich auf dieser Höhe gehalten.  Die Kosten je Flugstunde wurden mit 25 Doll. angegeben.  Der Betrieb hat zur Zeit die Eigenwirtschaftlichkeit noch nicht erreicht.  Eine ähnliche Luftfähre ist bei Seattle an der Westküste Kaliforniens eingerichtet. Auch hier zeigte sich nach der ersten Zeit starker Benutzung ein erheblicher Abfall, so daß die finanziellen Ergebnisse noch nicht befriedigen.

Von erheblich größerer Bedeutung als die Luftfähren ist die Einrichtung einer stündlichen Luftverkehrsverbindung zwischen New York und Washington mit Zwischenlandung in Philadelphia, die durch die Ludington-Linie am 1. 9. 1930 in Betrieb genommen wurde.  Diese Linie überdeckt die verkehrsreichste Strecke im Personenverkehr der Eisenbahnen der Vereinigten Staaten von Amerika.  Die Flugzeit auf der 338 km langen Linie dauert 2 Stunden gegenüber 5 Stunden auf der Pennsylvania-Eisenbahn.  Zum Einsatz gelangen 11 Stinson-Hochdecker mit 10 Sitzen und 3 luftgekühlten Motoren von zusammen 645 PS.  Eine Hin- und Rückreise kann an einem Tag einschließlich bequemer Erledigung von Geschäften bewältigt werden.  Die Fahrpreise sind für

Eisenbahn- und Luftweg mit 20 Doll. für Hin- und Rückreise gleich. Es wurde eine Auslastung von 77% erzielt, was bei dem außergewöhnlich starken Verkehrsbedürfnis zwischen New York, der größten Geschäftsstadt, und Washington, der Hauptstadt der Vereinigten Staaten von Amerika, durchaus erklärlich ist. Die Wirtschaftlichkeit ist nahezu erreicht, wie im nächsten Abschnitt noch besonders dargelegt werden wird.

Auf Grund dieser guten Ergebnisse werden neuerdings auch im Seengebiet Versuche mit ähnlichem Kurzstreckenverkehr gemacht, jedoch bisher noch ohne genügende Auslastung durch zahlende Last, da die Verkehrsbedürfnisse offenbar erheblich unter denjenigen zwischen New York und Washington liegen. So wertvoll diese Versuche sind, auf Strecken unter 500 km Personenluftverkehr einzurichten und wirtschaftlich zu gestalten, so sehr muß betont werden, daß bei der Linie New York—Washington ein Sonderfall vorliegt, wie er ähnlich wohl kaum in der Welt in bezug auf die Stärke der Verkehrsspannungen im Personenverkehr vorhanden ist. Es zeugt von dem praktischen Geschäftssinn des Amerikaners, daß er seinen Kurzstrecken-Luftverkehr zunächst auf der aussichtsreichsten Linie des Landes eingesetzt hat, um hier Erfahrungen zu sammeln und wirtschaftlichen Erfolg zu erzielen. Auch bei dieser Linie wird, wie bei den Luftfähren, noch eine gewisse Probezeit abgewartet werden müssen, bis der Reiz der Neuheit als verkehrswerbendes Moment ausgeschaltet ist und ein gewisser Beharrungszustand im Verkehrsbedürfnis das endgültige Urteil über den Wert des Kurzstreckenverkehrs zuläßt.

## VII. Wirtschaftlichkeit im Luftverkehr.

### 1. Die finanziellen Ergebnisse der Luftverkehrsgesellschaften.

Die Grundlagen in der Wirtschaft der Vereinigten Staaten von Amerika, die große Ausdehnung des Landes unter einer Regierung, das starke Erwerbs- und Geschäftsleben, eine Sprache, hoher Lebensstandard, gewaltige Ausmaße im Post-, Fracht- und Personenverkehr der Verkehrsmittel sind Voraussetzungen für die Entwicklung des Luftverkehrs, wie sie kaum günstiger in irgendeinem wirtschaftsstarken Land gelagert sind. Um so mehr interessiert uns die Frage, wie weit der amerikanische Luftverkehr bei der Beförderung von Post, Personen und Fracht zur Eigenwirtschaftlichkeit vorgedrungen ist. Die Beantwortung dieser Frage ist nicht einfach, da auch in Amerika noch Entwicklungsarbeit geleistet werden muß, deren Kosten nicht voll dem heutigen Luftverkehr aufgebürdet werden können, sondern auf eine spätere Zeit größeren Verkehrsumfanges verteilt werden müssen. Um diese Entwicklungsarbeit auf breitere Schultern zu laden, hat der Staat die Einrichtung und Instandhaltung der Streckenausrüstung ohne Entschädigung übernommen, garantiert die Postverwaltung ganz bestimmte Einnahmen für die beförderte Briefpost und übernehmen auch die Städte noch laufende Aufwendungen für die Flughäfen, die nur, wie wir später noch sehen werden, zu 60% von den Luftverkehrsunternehmungen ersetzt werden. Unter diesen Einschränkungen bezüglich der Selbstkostendeckung ist es möglich, die Wirtschaftlichkeit des Luftverkehrs genügend genau zu erfassen.

Die bisher im planmäßigen amerikanischen Luftverkehr für feste und bewegliche Anlagen investierten Kapitalien geben einen gewissen Anhalt dafür, wie weit die Allgemeinheit die Luftverkehrsunternehmungen in der Aufbringung des erforderlichen Anlagekapitals für die notwendigen Betriebsanlagen entlastet. Wie aus Tabelle 23 ersichtlich ist, haben die Luftverkehrsgesellschaften in vollem Umfang nur den Flugzeugpark, also nur 8,2% des gesamten Anlagekapitals im Luftverkehr aufzubringen, während für die Herrichtung der Flughäfen wohl einige wenige Gesellschaften selbst aufkommen, die große Mehrzahl der Flughäfen aber von den Städten eingerichtet wird. Im Gegensatz zu den Gepflogenheiten in Europa erstreckt sich diese Einrichtung aber vielfach nicht auf den Bau der Hallen und Werkstätten, sondern lediglich auf die betriebssichere Herrichtung des Platzes und des Verwaltungsgebäudes des Flughafens. In diesem Falle stellt jede Gesellschaft die von ihr benötigten Hallen und Werkstätten auf eigene Kosten her und zahlt für die beanspruchte Bodenfläche an die Flughafenverwaltung eine Pacht. Da die Anlagekosten für die Hallen und Werkstätten durchschnittlich 20 bis 30% der gesamten Anlagekosten der Flughäfen ausmachen, so würden ungefähr zwei Drittel des in den Flughäfen investierten Kapitals von anderen Stellen als den Luftverkehrsgesellschaften aufgebracht werden, und zwar in der Hauptsache von den Städten. Die für die Flugsicherung notwendige Streckenausrüstung und Einrichtung von Wetterstationen wird ganz ohne besondere Vergütung vom Staat getragen. Den Luftverkehrsgesellschaften lag daher die Kapitalbeschaffung für den gesamten Betriebsapparat nur in der Höhe von ungefähr 30 bis 35% des notwendigen Anlagekapitals ob.

Tabelle 23. **Anlagekapital des Luftverkehrs in den Vereinigten Staaten von Amerika im Jahre 1930.**

| Feste und bewegliche Anlagen | 1000 RM. | % | auf 1 Strecken-km entfallen RM. |
|---|---|---|---|
| 1 | 2 | 3 | 4 |
| 1. Flughäfen . . . . . . . . . . . . . . . . | 504 300 | 84,0 | 10 800 |
| 2. Streckenausrüstung für die Flugsicherung . | 47 200 | 7,8 | 1 100 |
| 3. Flugzeugpark für den planmäßigen Verkehr . | 48 200 | 8,2 | 1 300 |
|  | 599 700 | 100,0 | 13 200 |

Diese erhebliche Entlastung der Luftverkehrsgesellschaften in der Kapitalbeschaffung schuf ganz besonders günstige Entwicklungsbedingungen. Sie wurden noch vorteilhafter gestaltet durch die ausgezeichnete Initiative des Postministeriums unter zielbewußter Führung des die Luftpostabteilung leitenden Unterstaatssekretärs W. Irving Glover, durch die eine unmittelbare Sicherung des finanziellen Erfolges der zum Luftpostverkehr zugelassenen Gesellschaften unter gleichzeitiger Förderung eines rationellen Luftverkehrsbetriebs gewährleistet werden konnte.

Unter diesen Gesichtspunkten sind die finanziellen Ergebnisse der in Tabelle 17 bereits enthaltenen Luftverkehrsgesellschaften, die in der Hauptsache sich dem Postverkehr widmeten und aus seinen Einkünften auch den weniger einträglichen Personenverkehr zum Teil entwickeln konnten, zu beurteilen. Soweit Industrie und Verkehr gemeinsam in einem Konzern vertreten werden, ist naturgemäß schwer zu übersehen, auf welchen Zweig der Erfolg oder Mißerfolg der Gesellschaft zu buchen ist. Die reinen Luftverkehrsgesellschaften haben im Jahre 1929 von ihrem Standpunkt aus dank der hohen Postsubventionen verhältnismäßig gut abgeschnitten. So weit Verluste vorliegen, sind sie dagegen niedrig. Die Postverwaltung hat im Jahre 1929 an die mit Postverträgen arbeitenden Gesellschaften im ganzen 52 Millionen Mark ausgezahlt und dafür 18,7 Millionen Mark an Flugpostgebühren eingenommen, so daß die Einnahmen nur zu einem Drittel die Aufwendungen der Post decken. Im Jahre 1930 sind die Vertragssätze um 30 bis 50% herabgesetzt worden, um an Ausgaben für Postsubventionen zu sparen und die Gesellschaften zu rationellem Betrieb anzuhalten.

Wenn hiernach insgesamt die Postbeförderung in den Vereinigten Staaten von Amerika noch mit starker Unterbilanz arbeitet, so ist auf der anderen Seite festzustellen, daß auf mehreren Langstreckenlinien die Deckung der Selbstkosten der Gesellschaften durch Einnahmen an Postgebühren erreicht worden wäre, wenn diese an Stelle von Postsubventionen den Gesellschaften zufließen würden. Wir haben also die sehr wichtige Tatsache zu verzeichnen, daß heute schon, nach vierjähriger intensiver Entwicklung des Luftpostverkehrs eine volle Deckung der Selbstkosten im engeren Sinne im Luftverkehr auf einzelnen Verkehrsbeziehungen durch Postgebühren vorliegt, wenn zu den Selbstkosten 40% der Flughafenkosten und die laufenden Kosten für die Streckensicherung nicht gerechnet werden. Ein ähnliches Ergebnis ist bisher noch von keiner europäischen Gesellschaft erzielt worden, trotzdem hier die Entlastung in den Flughafenkosten 75% beträgt und auch für die Streckensicherung keine besonderen Kosten entstehen. Das im Postverkehr noch wenig homogene europäische Luftliniennetz erklärt wohl in erster Linie dieses Mißverhältnis.

Die zurückliegende Geschichte der Eisenbahnwirtschaft zeigt, daß es bei den meisten Eisenbahnen erheblich länger gedauert hat, bis sie in der Lage waren, durch Verkehrseinnahmen ihre Betriebskosten unter Verzinsung des Anlagekapitals zu decken. Es wird von dem Luftverkehr nicht verlangt werden können, daß er bei seinen für die technische Leistungsfähigkeit notwendigen, besonders hohen ersten Aufwendungen im schnelleren Tempo als die Eisenbahnen seine Daseinsberechtigung durch Eigenwirtschaftlichkeit dartut. Es ist wichtig, daß er generell sich bereits auf bestimmten Gebieten und unter bestimmten Voraussetzungen der Eigenwirtschaftlichkeit seines Betriebs genähert hat.

Die wirtschaftliche Depression in den Vereinigten Staaten von Amerika im Jahre 1930 hat naturgemäß, wenn auch keinen Rückschlag, wohl aber ein langsameres Tempo in der Steigerung des Luftverkehrs und seiner Einnahmen mit sich gebracht. Dies, verbunden mit den zurückgesetzten Postsubventionen, hat bei der im Jahre 1929 finanziell am besten liegenden Western Air Express zu einem kleinen Verlust im Jahre 1930 geführt. Bei der Holding-Gesellschaft Curtiss Wright, die im wesentlichen durch Flugzeugfabriken und eine große Zahl von Flughäfen am Luftverkehr beteiligt ist, ist der Verlust im Jahre 1930 besonders hoch infolge mangelnden Absatzes an Luftfahrzeugen. Nur die United Aircraft, die den Betrieb einnahmegünstiger Luftpostlinien hat und größere Aufträge für die Militärluftfahrt zu erledigen hatte, kann im Jahre 1930 mit einem Gewinn abschließen. Wenn sonach, soweit bisher Unterlagen vorliegen, die Luftverkehrsunternehmungen in den Vereinigten Staaten von Amerika auch im letzten Jahre trotz der Ungunst der wirtschaftlichen Verhältnisse ohne wesentliche Verluste den Geschäftsbetrieb erledigt haben, so zeugt dies von den gesunden Grundlagen, auf denen die Gesellschaften, soweit sie Großorganisationen darstellen, aufgebaut sind.

Unter den Luftverkehrsgesellschaften nimmt neuerdings eine Sonderstellung die Ludington-Linie ein, die den stündlichen planmäßigen Personenluftverkehr zwischen New York und Washington aufgezogen hat. Es ist ihr im ersten Halbjahr gelungen, dank einer äußerst rationellen Betriebsführung, auf die ich noch zurückkommen werde, die Ausgaben mit den Verkehrseinnahmen ohne irgendwelche Subventionen zu balancieren und damit den Nachweis zu erbringen, daß unter besonders günstig gelagerten Verhältnissen auch der Personenverkehr rentabel sein kann. Wenn bei dieser Linie auch weiterhin, nachdem der Reiz der Neuheit nicht mehr das Verkehrsbedürfnis beeinflußt, diese Eigenwirtschaftlichkeit durchzuhalten ist, so hätten wir hier den ersten nahezu wirtschaftlichen Personenluftverkehr in verkehrlich gut erschlossenen Gebieten.

Zusammenfassend kann gesagt werden, daß die finanziellen Ergebnisse im amerikanischen Luftverkehr nach dem Stand der Entwicklung und im Vergleich mit Europa verhältnismäßig günstig gelagert sind und zu der Annahme berechtigen, daß die Eigenwirtschaftlichkeit in absehbarer Zeit erreicht werden wird. Ihr Fundament bildet der Postverkehr auf großen Strecken, aus dessen Einkünften der Personenverkehr eine finanzielle Entlastung erhalten kann. Im Kurzstrecken-Passagierverkehr ist der erste Fall einer nahezu erreichten Rentabilität im Anfangsbetrieb praktisch erprobt; im übrigen Personenluftverkehr decken die Einnahmen die Ausgaben noch in keiner Weise.

## 2. Selbstkosten.

Erheblich klarer als die Deckung der Ausgaben durch Verkehrseinnahmen lassen sich die tatsächlichen Selbstkosten im amerikanischen Luftverkehr übersehen. Auf Grund besonderer Unterlagen und Untersuchungen wurde ein Vergleich gezogen zwischen den Selbstkosten für das angebotene Nutz-tkm im Luftverkehr der Vereinigten Staaten von Amerika und Europa. Ein derartiger Vergleich, der für einzelne unter ähnlichen Bedingungen arbeitende Luftverkehrsgesellschaften der beiden Entwicklungszellen auf gleicher Grundlage der Kostenarten durchgeführt wurde, ist in erster Linie geeignet, die Wirtschaftlichkeit im Luftverkehr beider Gebiete zu übersehen. Das Ergebnis der Untersuchung ist in Tabelle 24 enthalten. Das in der Tabelle genannte Landesnetz Europas ist nicht unmittelbar mit den weiter gespannten amerikanischen Netzen vergleichbar, sondern es stellt eine Besonderheit der Raumenge Europas dar, wie sie bei zahlreichen europäischen Ländern vorliegt. Dagegen kann das angezogene Kontinentalnetz Europas mit den beiden untersuchten amerikanischen unmittelbar verglichen werden. Bei der Berechnung der Selbstkosten und bei ihrer Beurteilung muß daran festgehalten werden, daß in den Selbstkosten nicht enthalten sind die Kosten für Streckensicherung und 40% der Flughafenkosten in den Vereinigten Staaten von Amerika bzw. 75% der Flughafenkosten in Europa.

Die Analyse und das Endergebnis der Selbstkosten ist außerordentlich interessant. Während bei allen Gesellschaften das Verhältnis der vom Verkehrsumfang abhängigen oder veränderlichen Kosten zu den vom Verkehrsumfang unabhängigen oder festen Kosten nahezu gleich

**Tabelle 24. Selbstkosten im Luftverkehr in den Vereinigten Staaten von Amerika und Europa (in RM. je angebotenes Nutz-tkm) im Jahr 1930.**

| Kostenarten | Vereinigte Staaten von Amerika Kontinentalnetz | | | | Europa | | | |
| | Großer Konzern Gemischter Post- u. Personenverkehr | | Gesellschaft mit Postvertrags- linien | | Landesnetz | | Kontinentalnetz | |
| | RM./tkm | % | RM./tkm | % | RM./tkm | % | RM./tkm | % |
| 1 | 2 | 3 | 4 | 5 | 6 | 7 | 8 | 9 |
| **I. Veränderliche Kosten:** | | | | | | | | |
| Betriebsstoffe. . . . . . . . . | 0,25 | 8,9 | 0,26 | 6,4 | 0,58 | 12,6 | 0,28 | 11,5 |
| Unterhaltung der Flugzeuge . . . | 0,52 | 18,6 | 0,73 | 18,2 | 0,62 | 13,4 | 0,58 | 23,7 |
| Abschreibung der Motore . . . . | 0,25 | 8,9 | 0,26 | 6,4 | 0,37 | 8,0 | 0,09 | 3,7 |
| Zubringerdienst. . . . . . . . . | 0,02 | 0,7 | 0,04 | 1,0 | 0,03 | 0,6 | 0,01 | 0,4 |
| Fluggelder . . . . . . . . . . . | 0,20 | 7,2 | 0,24 | 6,0 | 0,26 | 5,7 | 0,04 | 1,6 |
| Flughafengebühren[1] . . . . . . | 0,06 | 2,1 | 0,08 | 2,0 | 0,04 | 0,9 | 9,03 | 1,2 |
| Provisionen. . . . . . . . . . . | 0,05 | 1,8 | 0,07 | 1,7 | 0,04 | 0,9 | 0,04 | 1,6 |
| Sonstige veränderliche Kosten . . | 0,01 | 0,4 | 0,18 | 4,5 | 0,05 | 1,0 | 0,14 | 5,7 |
| Summe der veränderlichen Kosten | 1,36 | 48,6 | 1,86 | 46,2 | 1,99 | 43,1 | 1,21 | 49,4 |
| **II. Feste Kosten:** | | | | | | | | |
| Abschreibung der Zellen. . . . . | 0,30 | 10,6 | 0,37 | 9,2 | 0,45 | 9,7 | 0,12 | 4,9 |
| Zinsen . . . . . . . . . . . . . | 0,11 | 3,9 | 0,16 | 4,0 | 0,23 | 5,0 | 0,26 | 10,6 |
| Versicherungen . . . . . . . . . | 0,14 | 5,0 | 0,37 | 9,2 | 0,37 | 8,0 | 0,21 | 8,6 |
| Funkdienst. . . . . . . . . . . | 0,12 | 4,3 | 0,15 | 3,7 | 0,09 | 1,9 | 0,03 | 1,2 |
| Flugleitung. . . . . . . . . . . | 0,19 | 6,8 | 0,28 | 6,9 | 0,49 | 10,6 | 0,09 | 3,7 |
| Gehälter des Bordpersonals . . . | 0,29 | 10,3 | 0,32 | 7,9 | 0,35 | 7,6 | 0,28 | 11,4 |
| Zentralverwaltung . . . . . . . | 0,19 | 6,8 | 0,38 | 9,4 | 0,54 | 11,7 | 0,17 | 6,9 |
| Werbekosten . . . . . . . . . . | 0,10 | 3,7 | 0,14 | 3,5 | 0,11 | 2,4 | 0,08 | 3,3 |
| Summe der festen Kosten . . . . | 1,44 | 51,4 | 2,17 | 53,8 | 2,63 | 56,9 | 1,24 | 50,6 |
| Gesamtkosten | 2,80 | 100,0 | 4,03 | 100,0 | 4,62 | 100,0 | 2,45 | 100,0 |

[1]) Durch Flughafengebühren werden in Europa durchschnittlich 25%, in den Vereinigten Staaten von Amerika 60% der Betriebsausgaben der Häfen gedeckt. In den Vereinigten Staaten von Amerika bestehen diese Flughafengebühren vielfach in Pacht für den im Flughafen von den Hallen und Werkstätten der Luftverkehrsgesellschaften beanspruchten Boden.

ist, unterscheiden sich die einzelnen Kostenarten absolut und anteilig zum Teil sehr stark. Zunächst sind die Unterschiede in den gesamten Kosten für das angebotene Nutz-tkm der beiden amerikanischen Gesellschaften geringer als bei den europäischen, was in erster Linie auf die gleichartigere Struktur des amerikanischen Luftliniennetzes zurückzuführen ist. Nach meinen Feststellungen in den Vereinigten Staaten von Amerika hatte die amerikanische Gesellschaft mit den höheren Selbstkosten nicht die stark rationalisierte Betriebsführung aufzuweisen wie die andere sehr wirtschaftlich geführte Unternehmung. Es kann also davon ausgegangen werden, daß ein rationeller Luftverkehrsbetrieb mit seinen Selbstkosten eher in der Nähe der niedrigen Zahl liegen wird als bei der höheren. Für die beiden europäischen Gesellschaften kann Ähnliches gesagt werden, da die Struktur des Landesnetzes grundsätzlich höhere Kosten mit sich bringt als das weiter gespannte kontinentale Netz und infolgedessen die Unterschiede in den Selbstkosten besonders groß sind. Da wir es bei dem amerikanischen großen Konzern und bei dem europäischen Kontinentalnetz mit weitgehend ähnlicher Betriebsstruktur der Unternehmungen zu tun haben, so ist ihr Einzelvergleich besonders aufschlußreich.

Die für die Sicherheit im Luftverkehr maßgebenden Kostenarten bewegen sich bei beiden Unternehmungen in absolut gleicher Höhe bei der Unterhaltung des Flugzeugparks, dagegen liegen beim Funkdienst die absoluten Kosten in den Vereinigten Staaten von Amerika erheblich höher als in Europa, da auf ihm in starkem Maße die Flugsicherung der Vereinigten Staaten von Amerika aufgebaut ist. Auch der Abschreibungssatz ist in den Vereinigten Staaten von Amerika größer als in Europa, desgleichen der Aufwand für die Fluggelder. Die Betriebsstoffkosten erreichen in den

Vereinigten Staaten von Amerika trotz des billigen Ankaufspreises nahezu die gleiche Höhe wie in Europa, da die amerikanischen Flugzeuge mit verhältnismäßig hohen Motorstärken ausgerüstet sind. Die Aufwendungen für Gehälter des Bordpersonals sind nahezu gleich, trotzdem die Löhne in den Vereinigten Staaten von Amerika durchweg doppelt so hoch sind als in Europa. Dieses Verhältnis ist vor allen Dingen darauf zurückzuführen, daß die meisten Flugzeuge auf großen Strecken ohne Bordmonteur fliegen, da die Flugsicherung in ihrer Einheit und Einfachheit von dem Piloten selbst durchgeführt werden kann. In dem Vergleich der Kostenanalyse liegt eine große Zahl von Anregungen zur Senkung der Selbstkosten sowohl für den amerikanischen wie für den europäischen Luftverkehr. Der Vergleich gibt aber auch Anlaß zum Vertrauen, daß sowohl in Europa wie in Amerika die Selbstkostensenkung im Luftverkehr noch nicht ihr Ende erreicht hat, sondern noch fortschreiten wird.

Berücksichtigen wir den Kaufwert des Dollars in den Vereinigten Staaten von Amerika, der ungefähr zu 2 bis 3 Mark angesetzt werden kann, so ergibt sich für die Selbstkosten im Luftverkehr, daß die Vereinigten Staaten von Amerika im kontinentalen Luftliniennetz die Verkehrsleistungen erheblich billiger anbieten können, als die europäischen Gesellschaften in Europa. Es wird also in den Vereinigten Staaten von Amerika das Verkehrsbedürfnis im eigenen Land stärker angeregt werden können durch niedrigere Tarife, wenn die Eigenwirtschaftlichkeit erzielt werden soll.

Zu den Selbstkosten im amerikanischen Luftverkehr auf dem kontinentalen Luftliniennetz verhalten sich die Selbstkosten im Kurzstrecken-Passagierverkehr amerikanischer Größen-

**Tabelle 25. Selbstkosten im Kurzstrecken-Passagierverkehr der Ludington-Linie im 1. Halbjahr ihres Bestehens (1. September 1930 bis 1. März 1931).**

| Kostenarten | RM./tkm | % |
|---|---|---|
| **I. Veränderliche Kosten:** | | |
| Betriebsstoffe . . . . . . . . . . . | 0,23 | 15,6 |
| Unterhaltung der Flugzeuge . . . . | 0,31 | 21,2 |
| Abschreibung der Motore . . . . . . | 0,18 | 12,8 |
| Zubringerdienst . . . . . . . . . . . | — | — |
| Fluggelder . . . . . . . . . . . . . | 0,07 | 4,8 |
| Flughafengebühren . . . . . . . . . | 0,11 | 7,3 |
| Provisionen . . . . . . . . . . } . . Sonstige veränderliche Kosten } | 0,01 | 0,9 |
| Summe der veränderlichen Kosten . . . | 0,91 | 62,6 |
| **II. Feste Kosten:** | | |
| Abschreibung der Zellen . . . . . . | 0,10 | 7,2 |
| Zinsen . . . . . . . . . . . . . . . | 0,07 | 5,2 |
| Versicherungen . . . . . . . . . . | 0,13 | 9,3 |
| Funkdienst . . . . . . . . . . . . . | — | — |
| Flugleitung . . . . . . . . . . . . | 0,03 | 1,9 |
| Gehälter des Bordpersonals . . . . | 0,08 | 5,5 |
| Zentralverwaltung } . . . . . . . . Werbekosten . . . } | 0,12 | 8,3 |
| Summe der festen Kosten . . . . . . . | 0,53 | 37,4 |
| Gesamtkosten | 1,44 | 100,0 |

ordnung, wie in Tabelle 25 angegeben. Sie enthält die Selbstkostenanalyse des bereits erwähnten Personenluftverkehrs auf der Strecke New York—Washington, wie er von der Ludington-Linie seit ¾ Jahren betrieben wird. Der Betrieb auf dieser Strecke wird mit größter Sparsamkeit durchgeführt, so daß der sehr niedrige Selbstkostensatz für 1 Nutz-tkm von 1,44 RM. und ohne jegliche Subvention erzielt werden konnte. Charakteristisch für die rationelle Betriebsführung ist, daß nur für den Start hochwertiger Kraftstoff Verwendung findet, dagegen für den Flug selbst mit billigerem Betriebsstoff gearbeitet wird. Bei einer bisher erzielten Auslastung der angebotenen Sitzplätze von durchschnittlich 77% ergibt sich bei einer durchschnittlichen tatsächlichen Einnahme von

0,165 RM. je Personen-km eine volle Deckung der entstehenden Selbstkosten durch Verkehrseinnahmen. Falls dieser außerordentlich hohe Ausnutzungsgrad durchgehalten werden kann, ist die Wirtschaftlichkeit dieser Luftverkehrslinie auch in Zukunft anzunehmen.

### 3. Preisgestaltung und Subventionen.

Bei einer Betrachtung der Einnahmen der Luftverkehrsgesellschaften ist streng zu trennen zwischen dem nicht unmittelbar subventionierten Passagierluftverkehr und dem Postluftverkehr. Die Einnahmen im Personenverkehr decken zur Zeit auf dem allgemeinen amerikanischen Luftliniennetz die Selbstkosten noch in keiner Weise. Es hat sich im Lauf der letzten Jahre erwiesen, daß das Publikum zu billigen Preisen fliegen will, mit denen es aber bei den heutigen Kosten nicht möglich ist, selbst bei voll besetzten Flugzeugen, einen Gewinn zu erzielen.

Zuerst betrugen die Tarife im Personenverkehr im Jahre 1927 ungefähr 0,37 bis 0,40 RM. je Personen-km. Im Jahre 1928 wurden sie auf 0,26 RM. und im Jahre 1929 auf 0,21 RM. je Personenkm gesenkt. Anfang 1930 wurden sie auf Eisenbahntarif zuzüglich Pullmannwagen-Zuschlag gesetzt, also auf 0,13 RM. je Personen-km. Nun zeigte sich, daß nicht Furcht sondern die Tarife den Personenluftverkehr gedrosselt hatten. Aber trotz voller Besetzung der Flugzeuge wurden die Einbußen der Gesellschaften immer größer, je größer die Zahl der Reisenden wurde. Mitte 1930 wurden daher die Tarife wieder erhöht auf 0,18 bis 0,20 RM. je Personen-km, wodurch ein leichter Verkehrsrückgang eintrat. Nach dieser Entwicklung liegt heute der zweckmäßigste Tarif für den Personenluftverkehr bei 0,18 RM. je Personen-km. Da dieser Satz zur Deckung der Selbstkosten nicht genügt, so wird nach einer gewissen Entwicklungszeit zweifellos auf manchen Linien noch ein höherer Preis gefordert werden können und müssen, wenn der Zeitgewinn diesen Mehrpreis rechtfertigt. Heute ist die Lage so, daß die Einnahmen je angebotenes Personen-km nur 0,10 RM. betragen, gegenüber den Selbstkosten von 0,30, RM. so daß ein Verlust von 0,20 RM. je angebotenes Personen-km vorliegt.

In der Zusammensetzung der sich des Luftverkehrs bedienenden Personen konnte ein ins Auge springender Unterschied zwischen dem europäischen und amerikanischen Luftverkehr beobachtet werden. Während in Amerika das Flugzeug vorwiegend von eiligen Reisenden, denen es auf Zeitersparnis ankommt, benutzt wird, setzt sich das europäische Publikum vorwiegend aus Leuten zusammen, die mehr als Gelegenheitsreisende bezeichnet werden können und die das Flugzeug benutzen, weil es interessant, neu und auch ganz bequem ist und dabei kaum teurer als die Eisenbahn. Dieses Publikum verträgt keine Tariferhöhung, es würde restlos abwandern. Anders ist es in den Vereinigten Staaten von Amerika. Schon mancher hat den Vorteil des Flugzeugs auf den langen Reisen so gut erkannt, daß er auch vor höheren Tarifen nicht zurückschrecken würde. Wenn auch die weitere Entwicklung im Personenluftverkehr schwer vorauszusehen ist, so viel ist sicher, daß in den Vereinigten Staaten von Amerika eher eine Aussicht auf Wirtschaftlichkeit in diesem Verkehr besteht als in Europa.

Im Postverkehr werden, wie wir gesehen haben, den Luftverkehrsgesellschaften unmittelbare Garantien für die Verkehrseinnahmen gegeben. Insgesamt betrugen die dafür aufgewandten Beträge ohne Abzug der Einnahmen aus Luftpostgebühren im Jahre 1930 72 Millionen RM., eine Subvention, die der von der amerikanischen Postverwaltung gezahlten Schiffahrtssubvention für Postzwecke in Höhe von 80 Millionen RM. nahekommt.

Der Luftpostzuschlag für Briefe beträgt im innerstaatlichen amerikanischen Luftverkehr bis 28 g 0,13 RM., im Auslandsverkehr bis 14 g 0,50 RM. In Europa, dessen internationaler Luftverkehr mit dem amerikanischen Luftverkehr in bezug auf die Transportweiten zu vergleichen ist, beträgt der Luftpostzuschlag für Briefe im internationalen Verkehr bis 20 g 0,20 RM., so daß in den Vereinigten Staaten von Amerika mit ihrem erheblich niedrigeren Zuschlag das Bedürfnis für die Benutzung der Luftpost zweifellos stärker angeregt werden kann.

In den alten Postverträgen wurde für jedes Pfund beförderte Post eine bestimmte, im Vertrag festgelegte Summe bezahlt. Daraus ergab sich, daß einzelne Gesellschaften, auf deren Linien große Postmengen aufkamen, ungeheure Einnahmen erzielten, während andere sehr knapp bezahlt wurden. So lagen Schwankungen vor in den von der Post gezahlten Beträgen für das geleistete

Tonnen-km Post von 16 bis 150 RM.. Die neuen Verträge, von denen ein Teil bereits abgeschlossen und der Rest in Vorbereitung ist, gründen die Zahlung in erster Linie auf die Zahl der geflogenen km. Darüber hinaus sind Abstufungen in der Höhe des Satzes nach der Menge der beförderten Post vorgesehen. Die Abstufung der neuen Postverträge ist ganz allgemein die, daß auf den Fernstrecken eine Senkung, auf Strecken unter 800 km aber eine Erhöhung der Zuschüsse eingetreten ist, so daß eine luftverkehrswirtschaftlich bessere und zweckmäßigere Subventionierung gegenüber früher vorliegt. Die maßgebenden Unterschiede in den Berechnungszahlen der alten und neuen Postverträge sowie die heutigen Subventionen im Luftpostverkehr sind aus Tabelle 26 zu ersehen. Sie gibt auch ein sehr interessantes Bild, wie die Postverwaltung im Interesse der Erprobung des Personenluftverkehrs die Postsubventionen mit den Passagiersubventionen verkoppelt hat. Diese Verbindung wurde durch die „Watres Mail Act" veranlaßt, die es ermöglichen sollte, ohne großes finanzielles Risiko für den Staat und die Allgemeinheit die Güte und den Wert des Personenluftverkehrs zu erproben. Diese Erprobung stellt ein interessantes Experiment dar, das die Wirtschaftlichkeit des Postluftverkehrs allerdings zunächst hemmen wird.

Tabelle 26. **Vergleich zwischen alten und neuen Subventionen für den amerikanischen Luftpostverkehr im Jahre 1930.**

| Gewicht je Flug | Raum je Flug | Grundtarif | | Nachtflug | Gelände | Nebel | | Funkverkehr in einer Richtg. | Funkverkehr i.beiden Richtg. | Zahl der Sitzplätze | | | | | mehrmotorige Flugzeuge |
|---|---|---|---|---|---|---|---|---|---|---|---|---|---|---|---|
| | | alt | neu | | | alt | neu | | | 2—5 | 6—9 | 10—19 | 20—29 | mehr als 30 | |
| kg | m³ | | | | | | | RM. je kg | | | | | | | |
| 1 | 2 | 3 | 4 | 5 | 6 | 7 | 8 | 9 | 10 | 11 | 12 | 13 | 14 | 15 | 16 |
| 90 | 0,35 | 1,43 | 1,30 | 0,39 | 0,05 | 0,06 | 0,05 | 0,08 | 0,16 | 0,04 | 0,08 | 0,12 | 0,16 | 0,20 | — |
| 182 | 0,71 | 1,70 | 1,43 | 0,39 | 0,05 | 0,06 | 0,05 | 0,08 | 0,16 | 0,04 | 0,08 | 0,12 | 0,16 | 0,20 | — |
| 340 | 1,33 | 1,96 | 1,62 | 0,39 | 0,05 | 0,06 | 0,05 | 0,08 | 0,16 | 0,04 | 0,08 | 0,12 | 0,16 | 0,20 | — |
| 454 | 2,05 | 2,22 | 1,70 | 0,39 | 0,05 | 0,06 | 0,05 | 0,08 | 0,16 | 0,04 | 0,08 | 0,12 | 0,16 | 0,20 | 0,34 |
| 567 | 2,21 | 2,35 | 1,83 | 0,39 | 0,05 | 0,06 | 0,05 | 0,08 | 0,16 | 0,04 | 0,08 | 0,12 | 0,16 | 0,20 | 0,34 |
| 725 | 2,26 —2,83 | 2,39 | 1,96 | 0,39 | 0,05 | 0,06 | 0,05 | 0,08 | 0,16 | 0,04 | 0,08 | 0,12 | 0,16 | 0,20 | 0,34 |
| 907 | 3,51 | 2,48 | 2,09 | 0,39 | 0,05 | 0,06 | 0,05 | 0,08 | 0,16 | 0,04 | 0,08 | 0,12 | 0,16 | 0,20 | 0,34 |

Die tatsächliche Deckung der Selbstkosten der Luftverkehrsgesellschaften in der Postbeförderung durch die eingenommenen Luftpostgebühren ist auf einigen Poststrecken nahezu erreicht, so daß von einer Wirtschaftlichkeit des Luftpostverkehrs im engeren Sinne gesprochen werden kann. Auf anderen Poststrecken und vor allen Dingen im Auslands-Luftpostverkehr Amerikas liegt noch eine starke Unterbilanz vor, die in erster Linie aus der Neuheit dieser Verkehrseinrichtung und dem daraus sich ergebenden zurückhaltenden Bedarf zu erklären ist.

Die teilweise großen Überschüsse, die die Luftverkehrsgesellschaften auf Grund der alten Postverträge erhalten haben, sind im allgemeinen dem Luftverkehr wieder zugute gekommen. Mit Hilfe dieser Gelder war es möglich, den Personenverkehr, der Zuschüsse brauchte und noch braucht, in so großzügiger Weise aufzuziehen, wie es in den letzten Jahren geschehen ist. Die Postverwaltung verlangt neuerdings von den vertragschließenden Gesellschaften sehr genaue Einblicke in ihre geschäftliche Lage und sichert sich somit Unterlagen für eine zweckmäßige Bemessung der Subventionen in Abhängigkeit von der weiteren Entwicklung.

Die Wirtschaftlichkeit des amerikanischen Luftverkehrs wird maßgebend durch die großen Räume beeinflußt. Das zeigen deutlich die bisherigen finanziellen Ergebnisse, vor allem im Luftpostverkehr. Die zur Überbrückung der Raumweiten erforderlichen langen Flüge ermöglichen einen guten Beschäftigungsgrad des Flugmaterials und Personals, der sich auf die Selbstkosten des Flugbetriebs günstig auswirkt. Auf der anderen Seite sind auf den langen Strecken große Zeitgewinne gegenüber den erdgebundenen Verkehrsmitteln zu erzielen, die hohe Beförderungstarife rechtfertigen. Günstig für den Personenluftverkehr wirken dabei die verhältnismäßig hohen Tarife auf den Eisenbahnen, die im Fernverkehr 0,13 RM. je Personen-km betragen. In der verhältnismäßig geringen Spanne zwischen den Eisenbahntarifen und den tatsächlichen Selbstkosten im

Personenluftverkehr wird gegenüber Europa ein besonderer Anreiz für das Publikum, den Luftweg zu benutzen, liegen, auch wenn die Flugpreise im Luftverkehr den Selbstkosten angepaßt werden sollten.

## VIII. Privatluftverkehr in den Vereinigten Staaten von Amerika.

Neben dem planmäßigen Luftverkehr hat die Liebe des Amerikaners zu Bewegung und Ortsveränderung bereits einen umfangreichen Privatluftverkehr entstehen lassen. Zwar wird uns dieser Verkehr nicht in dem Maße wie der planmäßige Luftverkehr in den Vereinigten Staaten von Amerika interessieren, da er zu sehr seine Wurzeln in den Eigenarten des Volks und des Landes findet und daher Vergleiche sehr schwer anzustellen sind. Aber es kann eine Betrachtung des amerikanischen Luftverkehrs deshalb nicht an dem Privatluftverkehr vorübergehen, weil er für die Zukunft zweifellos noch eine besondere Rolle in der amerikanischen Luftfahrt spielen wird. Denn ebenso wie im Kraftwagen der Amerikaner die individuelle Ortsveränderung ohne Bindung an eine planmäßige Zeit besonders geschätzt hat, wird er mit der Zeit auch das Flugzeug zu seinem persönlichen Verkehrsmittel rechnen, soweit er es sich finanziell leisten kann. Daraus ergeben sich Entwicklungsrichtungen für die amerikanische Luftfahrt allgemein, die für Europa zunächst kaum in gleicher Weise in Frage kommen werden.

Wie weit der Privatluftverkehr sich heute schon in den Vereinigten Staaten von Amerika eingebürgert hat, zeigt Tabelle 27. Zum Privatluftverkehr sind dabei alle Flugzeuge und Flugleistungen gerechnet, die nicht zum planmäßigen Verkehr gehören, also Sportflüge, auf die 20% entfallen, und Flüge für wirtschaftliche Zwecke, denen 80% zufallen, in Form von Schauflügen, Rundflügen, Gelegenheitsflügen, Geschäftsflügen mit eigenen Maschinen und Flügen für behördliche und wissenschaftliche Zwecke. Die durchschnittliche jährliche Ausnutzung der Privatflugzeuge liegt bei 200 Stunden. Von dem gesamten amerikanischen zivilen Flugzeugpark entfallen allein 93,2% auf den Privatluftverkehr. Es ist interessant, daß heute schon in den Vereinigten Staaten von Amerika auf 1 Flugzeug nur 13500 Einwohner entfallen, im luftverkehrsgünstigen Kalifornien sogar nur 4200 gegenüber rund 100000 Einwohnern in Deutschland, Frankreich und England. In den Betriebs- und Verkehrsleistungen verschiebt sich zwar begreiflicherweise das Verhältnis zwischen dem planmäßigen und privaten Luftverkehr. Aber an der Zahl der Flug-km gemessen, entfallen immerhin auf den privaten Luftverkehr noch 74,5%. Es ist schwer vorauszusehen, wie die weitere Entwicklung gehen wird. Zunächst haben zahlreiche Unfälle im privaten Luftverkehr das Bedürfnis für ihn erheblich gedämpft, und die wirtschaftliche Depression hat ein übriges getan, um den Absatz von Privatflugzeugen stark zu beeinträchtigen.

Tabelle 27. **Planmäßiger und Privatluftverkehr in den Vereinigten Staaten von Amerika im Jahre 1930.**

| | Flugpark | | Flug-km | | Beförderte Personen | |
|---|---|---|---|---|---|---|
| | Zahl | Anteil % | 1000 Flug-km | Anteil % | Zahl | Anteil % |
| 1 | 2 | 3 | 4 | 5 | 6 | 7 |
| Planmäßiger Verkehr | 685 | 6,8 | 59481 | 25,5 | 417505 | 15,4 |
| Privater Verkehr . . | 9218 | 93,2 | 174314 | 74,5 | 2298341 | 84,6 |
| Gesamt | 9903 | 100,0 | 233795 | 100,0 | 2715846 | 100,0 |

Die Anforderungen, die in den Vereinigten Staaten von Amerika an Privatflugzeuge gestellt werden, sind zum Teil andere als in Europa. Es wird besonderer Wert auf hohe Geschwindigkeiten und starke Motorausrüstung gelegt. Flugzeuge unter 120 PS gelten im allgemeinen als wenig geeignet für eine private Luftreise. Es ist erklärlich, daß vor allem die guten und meist geraden Fernstraßen, die dem Kraftwagen außerhalb der Städte 80 und 100 km Fahrgeschwindigkeit gestatten, besonders zu hohen Ansprüchen an die Fluggeschwindigkeit geführt haben. Die starke Zunahme der Flugschüler in den letzten Jahren charakterisiert das große Interesse, das der Amerikaner dem Fliegen entgegenbringt und das in keiner Weise angeregt zu werden braucht durch Zubußen der Allgemeinheit, wie sie in Europa üblich sind. Selbstverständlich liegt diese Erscheinung in erster Linie in dem großen Wohlstand Amerikas begründet, der es vielen ermöglicht, sich die hohen Kosten der Ausbildung und auch unter Umständen die Anschaffung eines Flugzeugs zu gestatten.

Zur Förderung des Sportflugs sind in verschiedenen Städten Klubs gegründet worden, die einen Zusammenschluß der Sportflieger bezwecken und auf diese Weise ihren Mitgliedern Erleichterungen in der Flugzeughaltung verschaffen. Diese Einrichtung ist jedoch noch jung, sie wird sich aber zweifellos rasch weiterentwickeln. An ihr sind besonders lebhaft beteiligt die Studenten, die allein 25 % der Eigenbesitzer von Privatflugzeugen stellen. Die Flugwissenschaft an den Hochschulen ist bereits stark ausgebaut, in erster Linie naturgemäß für den Flugzeugbau. In Los Angeles ist an der dortigen Hochschule vor kurzem der erste Lehrstuhl für Luftverkehr eingerichtet worden, dem voraussichtlich im Osten der Vereinigten Staaten von Amerika weitere folgen werden. Nur in einem Fall wird an einer Hochschule auch Flugunterricht erteilt. An den meisten Hochschulen ist er aber wegen der damit verbundenen großen Verantwortlichkeit und den hohen Ausgaben nicht zugelassen. In den Fällen, in denen Studenten an den am Hochschulort vorhandenen Flugschulen Unterricht nehmen, besteht kein Zusammenhang zwischen Flugschule und Hochschule. Neuerdings beginnt auch der Segelflug mit ideeller Unterstützung der Luftfahrtabteilung des Handelsministeriums Boden zu gewinnen.

# IX. Schlußfolgerungen.

Der Luftverkehr in den Vereinigten Staaten von Amerika ist in seiner Entwicklung ungleich günstigeren Bedingungen unterworfen als der europäische Luftverkehr. Die große politische Einheit des Landes und seine starken Verkehrsbedürfnisse auf große Raumweiten, ferner hohe Eisenbahntarife und verhältnismäßig günstiges Klima erfüllen nahezu alle Forderungen, die vom Standpunkt der verkehrs- und betriebswirtschaftlichen Grundlagen im Luftverkehr gestellt werden müssen. Diesen Grundlagen entspricht die amerikanische Luftverkehrspolitik, die innerstaatlich rein wirtschaftlich orientiert ist, nach dem Ausland aber neben der wirtschaftspolitischen Einstellung auch von machtpolitischen Ideen durchsetzt zu werden beginnt. Der Gesundungsprozeß des letzten Jahres führte zu einem Zusammenschluß der Industriegesellschaften und zu einer Zusammenlegung der Verkehrsunternehmungen. Beides wird zu weiteren Senkungen der Selbstkosten führen.

Der nordamerikanische Kontinent bietet die Möglichkeit, auf gleichem Verkehrsfeld den Kurzstrecken-, kontinentalen und transkontinentalen Luftverkehr zu entwickeln und seine Sicherheit, Leistungsfähigkeit und Wirtschaftlichkeit zu erproben. Es liegt im besonderen Interesse der gesamten Weltluftfahrt, daß damit die Daseinsberechtigung der drei Luftverkehrsarten in bezug auf die Netzgestaltung in einem Land untersucht wird, das neben den nötigen finanziellen Mitteln auch die große politische und wirtschaftliche Geschlossenheit aufweist, die zur schnellen Klärung der Dinge notwendig ist. Verkehrlich gut und schlecht erschlossene Gebiete, Bezirke höchster und geringer wirtschaftlicher Entfaltung, heiße und kalte Zonen, ebenes und gebirgiges Gelände, waldreiche und waldarme Zonen, meteorologisch günstige und ungünstige Gebiete werden in gleicher Weise von dem amerikanischen Luftverkehrsnetz berührt und überdeckt. Unbehindert durch Landesgrenzen, die die großen und in erster Linie wirtschaftlichen Reichweiten im Luftverkehr beeinträchtigen könnten, sind die Vereinigten Staaten von Amerika in der Lage, für ihr gesamtes Gebiet eine Einheit der Luftverkehrsgesetzgebung, der Flugsicherungsmaßnahmen und der verkehrswirtschaftlichen Zusammenarbeit zu schaffen, die für die weitere Entwicklung außerordentlich günstig ist. Diese für ein neues Verkehrsmittel unschätzbare Freiheit der Entfaltung, die durch eine äußerst aktive Wirtschaft gesteigert wird, gab der amerikanischen Luftfahrt den großzügigen Charakter, wie er uns heute in Organisation, Liniennetz und technischer Ausrüstung vor Augen liegt. Das stellt dem amerikanischen Luftverkehr Aufgaben umfassendster Art, an deren Lösung auch die übrige Welt das größte Interesse hat, aber kaum in gleicher Weise mitarbeiten kann. So ist verkehrs- und betriebswirtschaftlich gesehen der amerikanische Luftverkehr in der Lage, im eigenen Land die Entwicklungsarbeit durchzuführen, zu der die europäischen Länder weit über ihre Grenzen hinaus mit zeitraubenden politischen Hemmungen zu kämpfen haben.

Schon heute ist im praktischen und planmäßigen Luftverkehr Amerikas der Beweis erbracht, daß der Luftverkehr in bestimmten Verkehrsbeziehungen bei richtiger Anpassung an das Verkehrsbedürfnis wirtschaftlich gestaltet werden kann. Die Gesichtspunkte, nach denen dieser Erfolg zu erzielen war, sind in der Untersuchung eingehend behandelt und stimmen überein mit den bisher mehr theoretischen Betrachtungen über die Möglichkeiten zur Eigenwirtschaftlichkeit im Luftverkehr. Die Tatsache, daß dieser praktische Nachweis bereits nach vierjähriger Entwicklung möglich war, berechtigt zu der Annahme, daß auch in anderen Gebieten der Erde der Luftverkehr seine wirtschaftliche Daseinsberechtigung begründen wird, wenn die Grundlagen hierzu beachtet werden.

Für Europa ergeben sich aus der Untersuchung der amerikanischen Luftverkehrswirtschaft wertvolle Anhaltspunkte für sein Wollen und Handeln im Ausbau des kontinentalen und des Weltluftverkehrsnetzes. In den Vereinigten Staaten von Amerika haben sich gewaltige Triebkräfte für den Luftverkehr in geschlossener politischer und wirtschaftlicher Einheit entwickelt, wie sie kein anderes Land und kein anderer Erdteil aufweist. Der zutage liegende Erfolg dieser Einheit ist für Europa mit seinen zahlreichen nationalen Luftverkehrsgesellschaften ein besonderer Anlaß zu einheitlichem Handeln. Denn wenn wir die Bemühungen der europäischen Länder verfolgen, den kontinentalen Luftverkehr aufzuziehen und von ihm aus das Weltluftverkehrsnetz zu entwickeln, und feststellen, an wie vielen Dingen politischer und sonstiger Art sie sich abkämpfen müssen zur Ausweitung ihrer engen Landesnetze, so wird der Aufschwung klar, den in Amerika in vier Jahren die Entwicklung nehmen konnte. Es ist in Europa bereits viel Geld für den Luftverkehr aufgewandt worden. An Geld hat es in den meisten europäischen Ländern nicht gefehlt, wohl aber vielfach am guten Willen verschiedener Länder, kontinental im Luftverkehr zu denken und zu handeln. Zwar versucht Europa in erster Linie nach dem Indischen Ozean und nach dem fernen Osten sowie nach Afrika seine Luftverkehrsnetze auszudehnen, aber auch hier wirken politische Widerstände der berührten Länder hemmend ein und verzögern den Ausbau des Weltluftverkehrsnetzes von Europa aus. Es muß sich für Europa in zunehmendem Maße für die Zukunft darum handeln, nach dem Beispiel der Einheit des amerikanischen Luftverkehrs eine europäische Einheit im Luftverkehr zu bilden. Nicht Willkür, sondern klare, auf Gegenseitigkeit beruhende Rechtsverhältnisse im internationalen Luftverkehr sowie die aufeinander abgestimmten Maßnahmen der Flugsicherung können die europäische Luftverkehrseinheit schaffen. Ansätze dazu sind zwar schon vorhanden, aber sie sind noch wenig wirkungsvoll gewesen. Ein praktischer und wertvoller Weg dürfte für die nächste Zukunft darin zu finden sein, daß die Bestrebungen der europäischen Postverwaltungen, ein einheitliches Postluftliniennetz für Europa aufzuziehen, von Erfolg begleitet sind.

Nur unter dem Zeichen dieser Einheit werden die drei Kernprobleme des europäischen Luftverkehrs:

1. Erhöhung der Sicherheit und Reichweite der Luftfahrzeuge,
2. Rationalisierung des Luftverkehrsbetriebs,
3. Wahl der Luftverkehrslinien nach dem günstigsten Verkehrsbedürfnis,

einer besseren Lösung zugeführt werden können, als es bisher möglich war. In dem Erfolg dieser Lösung liegt die Voraussetzung, daß im freien Spiel der Kräfte der Aufbau des Weltluftverkehrsnetzes, ausgehend von den wirtschaftsstärksten Entwicklungszellen der Welt, Europa und den Vereinigten Staaten von Amerika, sich am zweckmäßigsten und wirkungsvollsten vollziehen kann.

Je klarer bei diesem größten und entscheidendsten Entwicklungsprozeß die Eigenarten des europäischen und amerikanischen Luftverkehrs erkannt werden, um so eher ist eine Gemeinschaftsarbeit beider Erdteile durchführbar. Denn darüber besteht kein Zweifel, daß bei allen Vorteilen, die die günstige Lage der Bedingungen für den Luftverkehr in den Vereinigten Staaten von Amerika bietet, die unter schwierigeren Voraussetzungen sich vollziehende Pionierarbeit Europas Werte und innere Spannkräfte schaffen wird, die für den Aufbau des Weltluftverkehrsnetzes ebenso unentbehrlich sein werden wie die großzügigen und ungebundenen Entwicklungsarbeiten der Vereinigten Staaten von Amerika. Zwischen beiden Polen und Methoden wird das Weltluftliniennetz die Grundlagen seines Aufbaus und seiner geschlossenen Einheit finden müssen.

# Die Flughäfen in den Vereinigten Staaten von Amerika in Ausgestaltung und Betrieb.

## I. Die Bedeutung der Flughäfen im amerikanischen Luftverkehrsnetz.

### 1. Flughäfen für planmäßigen und privaten Luftverkehr.

Im Luftverkehr der Vereinigten Staaten von Amerika hat sich die Herrichtung von Flughäfen für den planmäßigen und privaten Luftverkehr in grundsätzlich anderer Richtung bewegt als in Europa. Während in Europa der planmäßige Luftverkehr schon vor 6 bis 7 Jahren wie heute dominierte neben einem wenig ins Gewicht fallenden privaten Luftverkehr, liegen die Verhältnisse in den Vereinigten Staaten von Amerika nahezu umgekehrt. Nicht allein, daß dort vor 6 Jahren von einem planmäßigen Luftverkehr kaum gesprochen werden konnte, während bereits der Gelegenheitsluftverkehr, vor allem in Gestalt von Rundflügen, Sonderflügen usw., vorhanden war, sondern auch heute ist noch, wie wir in Abhandlung 2 gesehen haben, der private Luftverkehr dreimal so stark wie der planmäßige Luftverkehr, wenn die geflogenen km zugrunde gelegt werden.

Der Wille zur Anlage von Flughäfen konzentrierte sich infolgedessen nicht in erster Linie auf die Wünsche einzelner im planmäßigen Verkehr arbeitender Luftverkehrsgesellschaften, sondern er ging von zahlreichen Interessentengruppen aus, die innerhalb einer jeden Stadt glaubten, zu ihren besonderen Zwecken sich einen Flughafen sichern zu müssen. Der planmäßige Luftverkehr, der im Interesse des bequemen Übergangs zwischen den einzelnen Linien möglichst einem Zentralflughafen der Stadt sich zuwenden muß, wurde ebenfalls in diese Sonderbestrebungen und die daraus sich ergebende Zersplitterung der Flughäfen hineingezogen. Er hat auch heute noch nicht überall die nötige Zentralisierung auf einem Flughafen der Stadt gefunden, trotzdem sie in jüngster Zeit von allen Seiten angestrebt wird. Europa ist auf diesem Gebiet zweifellos systematischer, klarer und auch für den Luftverkehr zweckmäßiger vorgegangen. Es hat in der Konzentrierung des Luftverkehrs einer Stadt auf einem Flughafen vielleicht das wieder gut gemacht, was es in kleiner Netzgliederung zu viel getan hat. Andererseits ist anzunehmen, daß das Beispiel der amerikanischen Eisenbahngesellschaften, von denen jede möglichst einen eigenen Bahnhof in einer Stadt anzulegen und in seiner Ausstattung anderen Gesellschaften Konkurrenz zu machen strebte, bis zu einem gewissen Grad richtunggebend für das Vorgehen der Luftverkehrsgesellschaften gewesen ist. Es entsprach dem offenen und freien Wettbewerb, den grundsätzlich Amerika im Verkehrswesen nicht allein betont sondern auch praktisch durchgeführt hat. Die hohen Kosten, die den Eisenbahngesellschaften dieser Wettbewerbsgedanke verursacht hat und sie zur allmählichen Zusammenlegung ihrer Bahnhofsanlagen zwang, hätten allerdings die Luftverkehrsgesellschaften veranlassen müssen, nicht in den gleichen Fehler zu verfallen.

So erklärt es sich, daß man häufig in dem Gebiet einer Stadt eine große Zahl von Flugplätzen dicht nebeneinander findet. Gewiß haben in manchen Fällen der niedrige Bodenpreis und die Größe des in den meisten Teilen des Landes zur Verfügung stehenden Geländes die Herrichtung der Flughäfen erleichtert. In dieser Gunst der Verhältnisse konnten die zahlreichen Sonderinteressen zur Einrichtung von Flughäfen sich auswirken, aber sie rechtfertigt die große Zahl und die unsystematische Anlage der Flughäfen im Weichbild und in der weiteren Umgebung der Städte nicht. Das auffallendste Beispiel dieser Zersplitterung ist wohl Los Angeles, in dessen Bereich sich allein vier große, gut ausgebaute Flughäfen befinden neben mehr als 40 sonstigen Landeplätzen. In anderen Großstädten, vor allem an der Westküste, liegen die Verhältnisse ähnlich. Man hat inzwischen den großen Nachteil dieser Zersplitterung für die Leistungsfähigkeit und Wirtschaftlichkeit des Luftverkehrs erkannt und versucht neuerdings, mindestens den planmäßigen Luftverkehr auf einem Hauptflughafen zu vereinigen und damit Kräfte und Geldmittel für den Ausbau des am günstigsten gelegenen, besten Flughafens zusammenzufassen.

Überblickt man das bis heute im Flughafenausbau Geleistete, so fragt man sich, was mit den bisher aufgewandten Anlagekapitalien von 504 Millionen Mark im wesentlichen geschaffen worden ist. Sie sind verstreut und zum Teil brachgelegt in einer Anzahl von Flugplätzen, von denen nur einige einen vollständigen Ausbau erhalten haben. Gewiß mag bei dieser Überproduktion an Flughäfen der Gedanke leitend gewesen sein, für einen in Zukunft zu erwartenden, umfangreichen Privatluftverkehr die Platzfrage vorweg zu lösen. Die praktische Durchführung dieses Gedankens hat sich aber insofern gegen die Sache selbst gewandt, als in der vielfach beobachteten Leere und Öde der Landeplätze der Schwung des Luftfahrtgedankens und seine Stoßkraft in manchen Fällen begraben liegt. Dieser Auswirkung beginnt sich der planmäßige Luftverkehr, wie gesagt, mehr und mehr durch Zusammenfassung auf einen Platz zu entziehen und damit dem Beispiel Europas zu folgen.

So ist für New York an Stelle der zahlreichen Flughäfen auf Long Island, also im Osten von New York, der Flughafen Newark westlich von New York in großzügigem Ausbau begriffen mit dem Ziel, den gesamten planmäßigen Luftverkehr des nordamerikanischen Kontinents für New York zu erfassen. Ebenso ist in dem größten Luftverkehrszentrum Amerikas, in Chicago, der Luftverkehr bereits in einem Flughafen zusammengefaßt. Nur in Los Angeles und San Franzisco verteilt sich der planmäßige Verkehr noch auf mehrere Flughäfen; aber auch hier wird mit der Zeit die verkehrswirtschaftliche Seite eine Zusammenlegung erzwingen.

In einer Beziehung hat allerdings die bisherige Entwicklung einen besonderen Vorzug aufzuweisen, der darin besteht, daß sie schon frühzeitig eine Trennung der Flughäfen für den planmäßigen und privaten Luftverkehr ermöglicht hat. So konnte der sehr rege Schulbetrieb losgelöst werden von den Behinderungen und Bindungen des planmäßigen Verkehrs, wie sie heute auf manchen europäischen Plätzen bereits als sehr unbequem empfunden werden.

## 2. Verkehrs- und Betriebszweck der Flughäfen.

Die amerikanische Statistik über Zahl und Art der Flughäfen unterscheidet nicht in eindeutiger Form, welche Flughäfen dem planmäßigen und privaten Luftverkehr dienen, sondern sie analysiert zum Teil nach dem Erbauer, wie von der Stadt und von privater Hand gebaute Flughäfen, zum Teil nach dem Betriebszweck, wie Zwischenlandeplätze, Hilfslandeplätze und militärische Flughäfen. Auf vielen von den Städten und Privaten gebauten Flughäfen wird sowohl planmäßiger wie privater Luftverkehr betrieben. Hier interessiert zunächst die Frage, welche Städte überhaupt an das planmäßige Luftverkehrsnetz angeschlossen sind und nach welchen Gesichtspunkten generell ihre Wahl getroffen wurde.

Abb. 25 zeigt das amerikanische Luftverkehrsnetz und die im planmäßigen Luftverkehr angeflogenen Städte. Neben der großen Zahl der Städte mit mehr als 150000 Einwohnern mit zweifellos großem Bedürfnis für den Luftverkehr oder hohem Verkehrswert zeichnet sich eine noch größere Zahl von Städten ab mit weniger als 150000 Einwohnern, bei denen das Verkehrsbedürfnis umstritten, der Verkehrswert jedenfalls geringer ist. Die Flughäfen mit großem Verkehrswert liegen in der Hauptsache in dem wirtschaftlich hoch entwickelten Gebiet des Ostens, dann aber auch an der Westküste. Auffallend stark häufen sich die angeschlossenen Städte mit geringem Verkehrswert vom Standpunkt der Einwohnerzahl in der Mitte, und zwar vor allem in der Nord-Süd-Richtung. Die Erklärung hierfür liegt in erster Linie darin, daß dieses Gebiet verhältnismäßig schlecht durch andere nord-südlich verlaufende Verkehrsmittel wie Eisenbahnen und Straßen erschlossen ist und daher der Luftverkehrsanschluß für sie um so willkommener ist, als hier starke wirtschaftliche Kräfte, wie beispielsweise in Texas, in der Entwicklung sind, die eine gute Verbindung mit

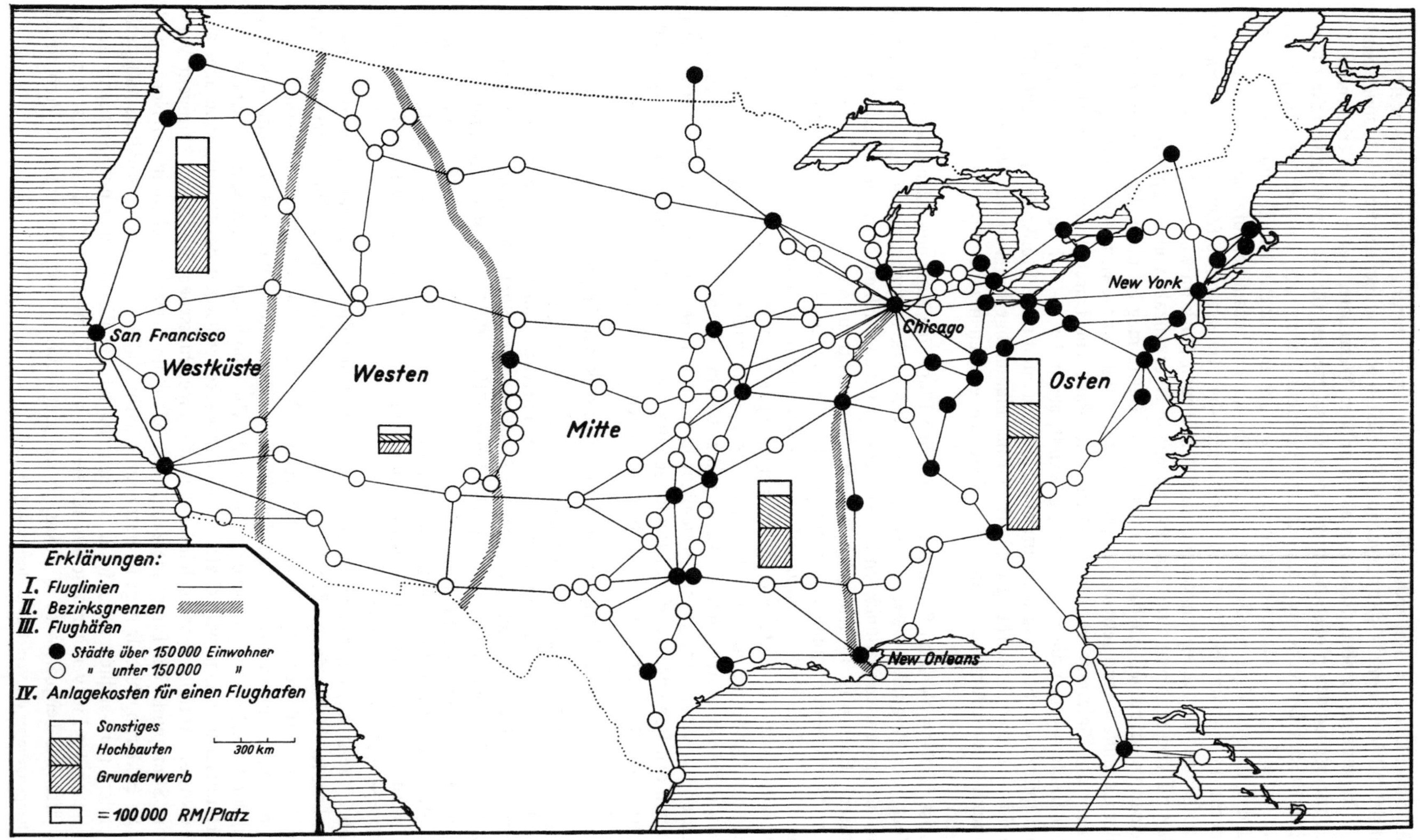


Abb. 25.  Luftverkehrsnetz und Charakteristik der Flughäfen in den Vereinigten Staaten von Amerika im Jahre 1930.

dem geldgebenden Osten und zum Teil auch mit dem Westen suchen. Hier haben wir also ein charakteristisches Beispiel, wie der Luftverkehr Verkehrslücken im sonstigen Verkehrsnetz ausfüllen muß.

Es bestand aber weiterhin die Notwendigkeit, in den Bezirken Mitte und Westen Häfen anzulegen, die dem Betrieb, und zwar vor allem der Ergänzung der Betriebsstoffe dienen, um die großen Reichweiten der transkontinentalen Linien mit möglichst großer Nutzlast überwinden zu können. Wir haben es hier demnach mit Flughäfen zu tun, die einen starken Betriebswert haben und notwendig waren, ohne daß ein besonderes Verkehrsbedürfnis ihre Anlage erforderte. Es ist selbstverständlich, daß man den hierbei angeschlossenen Orten, die 2000 bis 30 000 Einwohner aufweisen, auch die Luftverkehrsgelegenheit im planmäßigen Luftverkehr für ihre Entwicklung geboten hat. Auf den Ost—West-Linien passen sich in Mitte und Westen die Flughäfenabstände den zweckmäßigsten Etappen vom Standpunkt der Betriebsstoffergänzung an. Sie sind wenig unterschiedlich, dagegen sind in der Nord—Süd-Richtung der beiden Gebiete die Flughäfenabstände mehr auf das Verkehrsbedürfnis abgestimmt, wie es sich aus dem Mangel an sonstigen Verkehrsmitteln ergab. Wie auf einer Perlenschnur reiht sich hier Flughafen an Flughafen, wie wir es sonst in kaum einem anderen Gebiet vorfinden.

Der Charakter des amerikanischen Luftverkehrsnetzes und damit der Verteilung der Flughäfen liegt in einer Kombination des kontinentalen und transkontinentalen Luftliniennetzes. Während die Kontinentallinien im einzelnen mehr dem eigentlichen Verkehrsbedürfnis nachgehen und daher ihre Flughäfen vorwiegend Verkehrszwecken dienen, sind die Transkontinentallinien neben ihrer Bindung an Städte mit höchstem Verkehrsbedürfnis zwischen Osten und Westen auch gebunden an bestimmte Flugplätze, die die günstigsten Bedingungen zum Aufnehmen von Betriebsstoffen gestatten. Von allen Flughäfen hebt sich die zentrale Lage des Flughafens Chicago heraus, der heute schon den größten Verkehrswert von allen amerikanischen Flughäfen aufweist und in zunehmendem Maße den Umschlagplatz für den amerikanischen Luftverkehr darstellen wird.

## II. Organisation der Flughafenverwaltung und des Flugbetriebs.

### 1. Besitzverhältnisse der Flughäfen.

Während in Europa an der Einrichtung der Flugplätze in erster Linie die öffentliche Hand, wie die Städte und zum geringen Teil der Staat, beteiligt ist und den Ausbau übernommen hat, hat in den Vereinigten Staaten von Amerika infolge der günstigen Einstellung der Allgemeinheit zur Luftfahrt und bei den hohen Kapitalkräften des Landes auch das Privatkapital in starkem Maße die Anlage von Flugplätzen übernommen. Wir haben gesehen, daß Städte und Private wenig einheitlich dabei vorgegangen sind und nun eine starke Zersplitterung der Flugplätze eingetreten ist.

Tabelle 28 gibt einen Überblick, wie weit Staat, Städte und Private an der Anlage der heute vorhandenen Flugplätze, Zwischenlandeplätze, Hilfslandeplätze und der Flugplätze für militärische Zwecke beteiligt sind. Es entfallen nahezu gleich viel Flughäfen auf den Besitzstand der Städte und der Privatgesellschaften und, wenn wir die Militärflugplätze ausschalten, auch eine ähnliche Zahl auf den Staat. Zwar ist diese Dreiteilung von den Anlagekosten aus gesehen nicht gleichmäßig, denn die größten Aufwendungen sind bei den städtischen und Handelsflugplätzen gemacht worden, während für die Zwischenlandeplätze und Hilfslandeplätze die Einrichtungskosten verhältnismäßig niedrig sind, wenn sie auch auf den Strecken mit Nachtbefeuerung gewisse Ausgaben für die Kenntlichmachung der Plätze erfordern. Die Entwicklung geht immer mehr in der Richtung, daß für den planmäßigen Luftverkehr die städtischen Flughäfen vorgesehen werden, die fast durchweg gut eingerichtet und ausgebaut sind und in möglichst zweckmäßiger Lage zur Stadt liegen. Neben den städtischen Flughäfen finden sich in derselben Stadt, vor allem an der Westküste in Kalifornien, gut ausgebaute Flughäfen größerer Luftverkehrsgesellschaften. Aber auch im Osten hat die Curtiss Wright Corporation eine große Zahl von Flughäfen in bedeutenden Städten errichtet. Weiterhin hat fast jede Flugzeugfabrik ihren Flugplatz und auch manchen Flugschulen stehen besondere Plätze zu ihrer Verfügung.

Tabelle 28. **Zahl und Art der Flughäfen in den Vereinigten Staaten von Amerika im Jahre 1931.**

|  | Ende 1930 | Ende 1929 |
|---|---|---|
| Städtische Flughäfen (Municipal Airports)[1] . . . . . . . . . . . | 550 | 453 |
| Handelsflughäfen (Commercial Airports)[2] . . . . . . . . . . . . . | 564 | 495 |
| Zwischenlandeplätze (Department of Commerce Intermediate Fields)[3] . . . . . . . . . . . . . . . . . . . . . . . . . . . | 354 | 285 |
| Hilfslandeplätze (Marked Auxiliary Fields). . . . . . . . . . . | 240 | 235 |
| Militärflugplätze . . . . . . . . . . . . . . . . . . . . . . . | 53 | 68 |
| Flughäfen der Kriegsmarine . . . . . . . . . . . . . . . . . . | 14 | 14 |
| Verschiedene Flugplätze . . . . . . . . . . . . . . . . . . . . | 7 | 2 |
| **Gesamt** | 1782 | 1552 |
| Flughäfen und Landeplätze mit Nachtbeleuchtungseinrichtungen | 662 |  |

[1] Aus städtischen Mitteln gebaute und in städtischer Verwaltung stehende Anlagen.
[2] Aus privaten Mitteln gebaute und teilweise von Luftverkehrsgesellschaften unterhaltene Anlagen.
[3] Aus staatlichen Mitteln gebaute und unterhaltene Zwischenlandeplätze für betriebliche Bedarfsfälle.

## 2. Beziehungen zwischen Staat und Flughafenverwaltung.

Die Luftfahrt-Abteilung des Handelsministeriums hat allgemeine Grundlagen aufgestellt über die Aufgaben, die der Verwaltung eines Flughafens erwachsen. Es werden von ihr Vorschläge gemacht für eine zweckmäßige Form der Buchführung und Übersichten veröffentlicht über die Höhe der Hallenmieten, Unterstellgebühren und der Gebühren für Arbeitsleistungen auf einer Reihe von Flughäfen. Sie hat weiterhin die Anforderungen an die Lage und Ausgestaltung der Flughäfen, so weit sie staatlicherseits festgelegt werden, bekanntgegeben sowie Vorschläge für eine einheitliche Regelung der Betriebsvorschriften für Flughäfen gemacht. Wie aus diesen Vorschriften und Veröffentlichungen hervorgeht, ist die Bundesregierung bemüht, die Entwicklung der Flughäfen zu fördern, ohne jedoch, mit Ausnahme der Zwischen- und Hilfslandeplätze, selbst Flughäfen anzulegen oder zu betreiben. Auch in die Betriebsführung auf den Flughäfen greift sie nicht ein, wie es in Europa noch vielfach durch polizeiliche Organe geschieht.

In unmittelbare praktische Beziehungen tritt der Staat zu den Flughafenverwaltungen bei der Einrichtung und Durchführung der Flugsicherung. Die vom Staat im Interesse der Flugsicherung übernommene Streckenausrüstung bedarf der Flughäfen als Ausgangs- und Stützpunkte der Sicherungsmaßnahmen. Wie in Europa sind daher in den Gebäuden der Flughafenverwaltung die erforderlichen Räume für die Anlage und den Betrieb von F.T.-Sendern sowie für die Flugwetterstationen, die von dem Landwirtschaftsministerium eingerichtet werden, zur Verfügung zu stellen.

## 3. Beziehungen zwischen Verkehrsgesellschaften und Flughafenverwaltung.

Soweit die im planmäßigen Betrieb tätigen Luftverkehrsgesellschaften keine eigenen Flughäfen besitzen, und das ist in den meisten Fällen der Fall, sind sie gezwungen, auf den in fremdem Besitz befindlichen Häfen ihre zum Betrieb notwendigen Räume, Hallen und Werkstätten zu schaffen. Das geschieht entweder in der Weise, daß ihnen fertige Anlagen, wie Hallen, vermietet werden, oder aber, daß sie auf einem von der Flughafenverwaltung gemieteten Platz des Flughafens selbst ihre baulichen Anlagen errichten. Im letzteren Fall besitzt die Flughafenverwaltung ein Ankaufsrecht. Die Miete beträgt für eine von der Flughafenverwaltung zur Verfügung gestellte Halle jährlich durchschnittlich 360 RM./m², für die Pacht eines Geländes, auf dem die Verkehrsgesellschaft selbst die Bauten errichtet, 2,2 bis 2,5 RM./m².

Die gesamte Herrichtung des Flughafens durch den Flugplatzbesitzer hat zweifellos den großen Vorzug einer einheitlichen Durchbildung der gesamten Hochbauten und der Schaffung klarer Besitz- und Ausnutzungsverhältnisse für den Betrieb. Es konnte beobachtet werden, daß auf Flughäfen, auf denen den Luftverkehrsgesellschaften der Bau ihrer Hallen überlassen war, sowohl in der Lage wie in der Ausrüstung der Hallen sehr verschiedene Maßstäbe angelegt waren und sich vor allem der Betrieb zersplitterte. Denn die Luftverkehrsgesellschaften legten im allgemeinen Wert darauf, vor ihren Hallen, die mit entsprechender Reklame ausgestattet sind, ihre Flugzeuge abzufertigen, so daß die Reisenden vielfach weite Wege machen mußten, um von einer Linie auf die andere übergehen zu können. In neuerer Zeit hat man das Unzweckmäßige einer derartigen Zersplitterung in der Abfertigung erkannt und sucht letztere immer mehr vor einem besonderen Abfertigungsgebäude zusammenzufassen. Jedenfalls zeigen auch die amerikanischen Verhältnisse, daß ein Flughafen dann am besten seinem Zweck dienen kann, wenn er von der Flughafenverwaltung einheitlich ausgebaut wird und nicht etwa durch Eigenbauten der Luftverkehrsgesellschaften zum Schaden des Luftverkehrs selbst die grundsätzlich richtige Anordnung und Gruppierung der Hochbauten gestört wird.

Zusammenfassend kann bezüglich der organisatorischen Seite des Flughafendienstes gesagt werden, daß drei Instanzen auf dem Flughafen zur betriebssicheren Abwicklung des Flugbetriebs tätig sind: Staatliche Dienststellen für die Flugsicherung auf den Strecken durch Funk- und Wetternachrichten, die Flughafenverwaltung für Einrichtung und Instandhaltung der Plätze sowie für die Regelung des Flugbetriebs und die Luftverkehrsgesellschaften für ihren eigenen Betrieb. Die Abfertigung der Flugzeuge wird immer mehr nach dem Beispiel Europas vor einem besonderen Abfertigungsgebäude zusammengefaßt, in dem sich auch die Dienststellen für Flughafenverwaltung, Flugbetrieb, Funksicherung und Wetterberatung befinden. Die in Europa noch vielfach übliche weitere Instanz der Flugpolizei für Betriebsüberwachung besteht nirgendwo. Ihre in Europa übernommenen Obliegenheiten werden, soweit sie in Amerika in Frage kommen, von der Flughafenverwaltung erledigt. Im übrigen ist auf den amerikanischen Flughäfen das Bestreben lebendig, die Organisation so einfach und klar wie möglich zu machen. Man hat in keiner Weise den Eindruck einer Überorganisation oder einer Überbesetzung der Dienststellen; es bot sich vielmehr durchweg das Bild sparsamster Verwendung des für die verschiedenen Dienstzweige notwendigen Personals.

## III. Grundlagen des Flugbetriebs.

### 1. Sicherung der Bewegungsvorgänge.

Die Abwicklung des Flugbetriebs vollzieht sich auf den amerikanischen Flughäfen grundsätzlich unter einfachen Formen und unter großer Unabhängigkeit der verschiedenen Bewegungsvorgänge, wie Starten und Landen, voneinander, wie es in Europa im allgemeinen nicht üblich ist. Dabei ist der Verkehrsumfang der europäischen und amerikanischen Flughäfen nahezu gleich, wie aus Tabelle 29 zu ersehen ist. In dieser Tabelle ist für Europa Deutschland als Beispiel genommen, da es die stärksten Flughafenbelastungen im europäischen Durchschnitt aufweist. Die durch schärfere Teilung zwischen Sommer- und Winterluftverkehr in Europa bedingten bedeutenden Unterschiede im Verkehrsumfang der deutschen Flughäfen gegenüber der ziemlich gleichbleibenden Belastung der amerikanischen Anlagen ist deutlich zu erkennen.

Tabelle 29. **Verkehrsumfang deutscher und amerikanischer Flughäfen nach Starts und Landungen im Jahre 1930.**

| Durchschnittliche Zahl der täglichen Starts und Landungen | | | | | | | | | | | |
| Vereinigte Staaten von Amerika | | | | | Deutschland | | | | | | |
| Flughafen | Planmäßige Flüge | Außerplanmäßige Flüge | Platzflüge | Gesamt | Flughafen | Planmäßige Flüge Sommer | Planmäßige Flüge Winter | Außerplanmäßige Flüge | Platzflüge | Gesamt max. | Gesamt min. |
| 1 | 2 | 3 | 4 | 5 | 6 | 7 | 8 | 9 | 10 | 11 | 12 |
| Chicago municipal airport | 46 | 7 | 107 | 160 | Berlin . . . | 50 | 16 | 33 | | 88 | 16 |
| City of Cleveland airport | 38 | 10 | 13 | 61 | Köln. . . . | 50 | 20 | 30 | | 80 | 20 |
| Kansas City municipal airport . . . . . . . . | 32 | 59 | | 91 | Hamburg . | 28 | 8 | 36 | | 64 | 8 |
| Port of Oakland municipal airport . . . . . . . . | 23 | 220 | | 243 | Stuttgart . | 24 | 6 | 8 | 162 | 200 | 6 |
| Tulsa Garland airport . . | 6 | 8 | 2 | 16 | Dresden . . | 14 | 6 | 8 | | 32 | 6 |
| San Francisco Mills Field | 1 | 29 | 23 | 53 | Königsberg | 10 | 2 | 2 | 22 | 34 | 2 |

Auf den meisten Flughäfen besteht überhaupt keine Regelung des Startens und Landens. Beides vollzieht sich nach Freisein der Start- und Landebahnen. Auf einigen Flughäfen wird den startenden Flugzeugen vom Beobachtungsturm des Abfertigungsgebäudes aus durch Sirenensignale oder durch Lichtsignale von Fall zu Fall Starterlaubnis gegeben. Die Landung ist jederzeit möglich. Im allgemeinen hat der Betrieb auf den Flughäfen auch da, wo überhaupt keine Regelung vorgenommen ist, zu keinen Schwierigkeiten geführt. Zweifellos wird im Gegensatz zu der Handhabung in Europa eine große Zahl von Personal auf diese Weise gespart. Eine Bezeichnung der Rollfeldmitte in Gestalt eines Kennkreises ist auf den wenigsten Flughäfen vorhanden, doch scheint der Wert eines derartigen Kennzeichens für die Flieger allmählich erkannt zu werden und die Absicht zu bestehen, es nach europäischem Muster einzuführen. Allerdings besteht für die amerikanischen Flughäfen nicht so sehr ein praktisches Bedürfnis hierfür, da die Start- und Landebahnen für den Flieger von oben als charakteristische Linien für das Landen sehr gut zu erkennen sind.

Es ist nicht zu übersehen, wie lange die einfache Betriebsregelung sich auf den Flughäfen noch durchführen läßt. Das Eine aber steht zweifellos fest, daß bisher eine sichere Betriebsabwicklung noch möglich war bei zeitlich dicht aufeinander folgenden Starts und Landungen, wie sie in gleicher Zeiteinheit in Europa bei besonderer Regelung kaum durchführbar gewesen wären. Die weitere Entwicklung wird zeigen müssen, ob das amerikanische System auch bei Zunahme des Verkehrs beibehalten werden kann, oder ob nicht eine straffere Erfassung und Leitung der Bewegungsvorgänge aus Gründen der Sicherheit notwendig wird. Bei der großen Bedeutung, die der Amerikaner der Sicherheit eines Verkehrsmittels beimißt, wird dieser Zeitpunkt, wenn er eintreten sollte, sicherlich nicht zu spät gewählt werden. Dadurch, daß die Dinge im Flugbetrieb in möglichst großer Freiheit heranreifen können, wird der Erprobung aller Möglichkeiten ohne zu früh angelegte Fesseln im Interesse eines rationellen Betriebs gedient werden können. Zur Zeit sind in 26 der bedeutendsten Städte im Auftrag der Luftfahrt-Abteilung des Department of Commerce örtliche Kommissionen tätig, um die Betriebsbedingungen der Flughäfen in Abhängigkeit von der Verkehrsdichte zu studieren und durch Zeitstudien Unterlagen für die Einrichtung einer Kontrolle des Flughafenbetriebs und der Flugsicherung zu schaffen. Zur Nachtzeit sind die Flughäfen, soweit sie in das Streckennetz mit Nachtbefeuerung fallen, durch eine sehr auffallende Beleuchtung der Platzgrenzen mittels zahlreicher Einzellichter für den Flieger kenntlich gemacht. Eine Beleuchtung des Rollfeldes durch stationäre Scheinwerfer ist immer mehr verlassen und vielfach fahrbaren übertragen worden. Außerdem werden die Flugzeuge in zunehmendem Maße mit Scheinwerfern ausgerüstet, um sich jederzeit selbst ihre Landebahn zu erleuchten und damit eine Beleuchtung vom Boden aus möglichst überflüssig zu machen. Nach meinen Beobachtungen genügte nicht allein diese Beleuchtungsart, sie hat auch den großen Vorteil, daß eine Blendung des Piloten vermieden wurde und ihm eine sichere Abschätzung der Bodennähe möglich war. Sie erscheint auch wirtschaftlicher als eine umfassende Platzbeleuchtung, die erhebliche Kosten verursacht. Hinzu kommt, daß mit eigenen Scheinwerfern bei Notlandungen in der Nacht der Flieger das Gelände beleuchten kann.

## 2. Beziehungen zwischen Betrieb und Verkehr.

Der Zubringerdienst zwischen der Stadt und dem Flughafen ist wie in Europa durch Kraftwagenverbindungen geregelt. Die Kosten hierfür sind besonders zu bezahlen, da sie im Flugpreis nicht einbegriffen sind. Er wickelt sich im allgemeinen recht glatt und pünktlich ab. Für die Post ist ein besonderer Kraftwagendienst eingerichtet, der für einen sehr pünktlichen und schnellen An- und Abtransport der Postsäcke sorgt und nicht zum wenigsten dazu beiträgt, daß nicht etwa ein langsamer Postzustelldienst die schnelle Beförderung auf dem Luftweg zum Teil wieder aufhebt, wie es heute in Europa noch vielfach der Fall ist. Die Luftpost ist bereits organisch als Eilpostverkehr in Amerika aufgezogen. Alle Glieder in der Kette der Postbeförderung von der Aufgabe bis zur Zustellung an den Empfänger sind auf schnellste Beförderung abgestimmt und bringen so einen erheblichen Zeitgewinn gegenüber anderen Verkehrsmitteln. Auf dem Flughafen Chicago ist bereits eine besondere Halle für den Umschlag der Post für die verschiedenen Anschlußlinien errichtet, in der täglich durchschnittlich 4 t Briefpost behandelt werden. 8 Postlinien schließen an den

Flughafen Chicago an mit meist Tag- und Nachtverkehr; 33 Starts für Postbeförderung gehen von ihm aus.

Die eigentliche Beladung und Entladung der Flugzeuge bei Reisenden und Post erfolgt unmittelbar vor dem Abfertigungsgebäude, soweit sie nicht vor den Hallen der Luftverkehrsgesellschaften selbst stattfindet, also dezentralisiert ist. Das Ein- und Aussteigen erledigt sich in einfachster Form. Ein Gepäckträger schafft mit einem Motorwagen das Gepäck der Reisenden zu dem Zubringerauto. Die Kontrolle der Flugscheine erfolgt am Flugzeug. Da meist keine Grenzen zu überfliegen sind und Zollbehandlung durchweg ausfällt, so liegt auch hierin ein Vorzug im Luftpassagierverkehr gegenüber den, wenn auch meist nicht engherzig gehandhabten, aber immerhin noch zeitraubenden Formalitäten in den europäischen Flughäfen. Die Flugscheine werden in Verkehrsbüros im Zentrum der Stadt, und zwar in den meisten Fällen in den von den Eisenbahnen von jeher eingerichteten Agenturen verkauft. In zunehmendem Maße wird aber auch auf den Verkauf in den Flughäfen selbst Bedacht genommen, da zahlreiche Reisende mit eigenem Kraftwagen ankommen, ihn in besonderen Garagen in der Nähe der Abfertigungsgebäude einstellen und nach Rückkehr am gleichen Tag mit eigenem Wagen wieder nach Hause fahren wollen.

# IV. Technische Ausgestaltung der Flughäfen.

## 1. Orientierung zur Stadt und Grundform.

Die große Ausdehnung der meisten amerikanischen Städte infolge der typischen Siedlungsform in Einfamilienhäusern mit Garten hat zur Folge, daß die meisten Flughäfen in beträchtlichem Abstand vom Stadtmittelpunkt liegen. 15 bis 20 km dürfte der Durchschnittsabstand der Flughäfen in Großstädten sein, der in einzelnen Fällen sogar bis zu 25 km beträgt. Man ist bestrebt, die Flughäfen mit guten Straßen an die Geschäftsstadt anzuschließen, was bei dem ohnehin vorhandenen guten Straßennetz mit nicht allzuviel Sonderkosten verbunden ist. Der außerordentlich entwickelte Kraftwagenverkehr in den Vereinigten Staaten von Amerika mindert die Nachteile einer zu großen Entfernung der Flughäfen von den Städten, da er eine bequeme Verbindung zwischen Stadt und Flughafen ermöglicht.

Die Grundrißform der Flughäfen ist im allgemeinen die eines Rechtecks, in das die Flächen für die Bewegungsvorgänge 1. Ordnung, also das Rollfeld für das Starten und Landen, und die Flächen für die Bewegungsvorgänge 2. Ordnung, also die Anlagen für die maschinentechnische und verkehrstechnische Abfertigung, zweckentsprechend eingebaut sind. In den Abb. 26 bis 30 sind Prinzipskizzen über die angewandten Lösungen in Form einer vorgeschobenen Ecklage, Seitenlage und zurückgezogenen Ecklage des Abfertigungsgebäudes und der Hallen zum Rollfeld sowie eines Betriebsflugplatzes ohne Verkehrswert und eines kombinierten Land- und Wasserflughafens enthalten. Die Gruppierung der Abfertigungsgebäude ist grundsätzlich ähnlich wie in Deutschland, wie aus den beiden Prinzipskizzen deutscher Flughäfen, Abb. 31 und 32, zu erkennen ist. Das Abfertigungsgebäude, von dem aus die Abgabe und Aufnahme der Verkehrsgüter durch die Flugzeuge vermittelt wird, ist grundsätzlich losgelöst von den Hallen, so daß eine sehr erwünschte Trennung zwischen verkehrs- und maschinentechnischer Abfertigung örtlich im Interesse der Sicherheit und schnellen Erledigung der Arbeiten durchgeführt ist. Den Abbildungen sind Winddiagramme beigefügt, die die Häufigkeit des Windes im Lauf eines Jahres nach den verschiedenen Richtungen angeben. Sie bilden eine Charakteristik für die flugtechnischen Eigenschaften des Platzes und für die Anlage der im nachstehenden noch näher zu behandelnden befestigten Start- und Landebahnen. Es ist deutlich zu erkennen, daß diese in der vorherrschenden Windrichtung verlaufen, also grundsätzlich nach der Mehrzahl der vorkommenden Richtungen für das Starten und Landen orientiert sind. Dabei ist vielfach die Länge der Startbahnen in der Weise in Abhängigkeit zur Windstärke gebracht, daß in Richtung der größten Windstärke die kürzeste Startbahn vorgesehen ist. Aus den Abbildungen ist zu ersehen, daß das Abfertigungsgebäude und die Hallen so gelagert sind, daß sie parallel zur vorherrschenden Windrichtung liegen, eine Beziehung, die sich immer mehr im praktischen Flugbetrieb als zweckmäßig und für die Sicherheit vorteilhaft erweist.

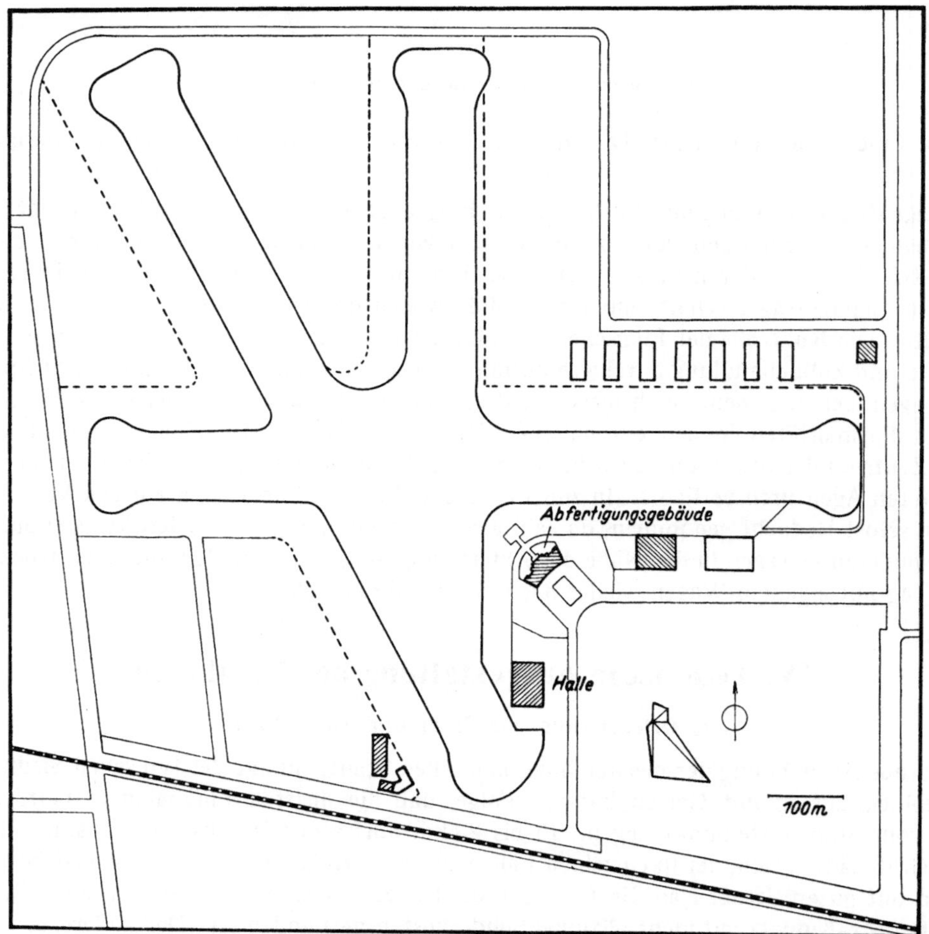



Abb. 26.  Vorgeschobene Ecklage: Los Angeles-Burbank (Cal.).

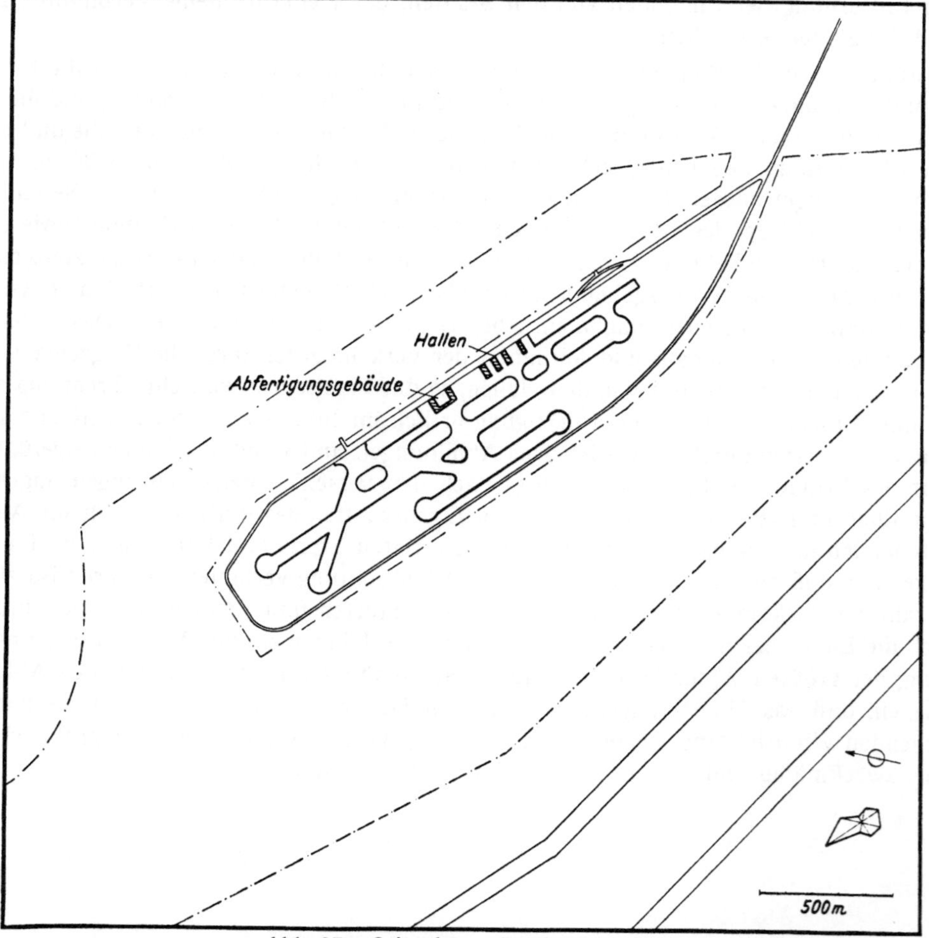



Abb. 27.  Seitenlage: Portland (Ore.).

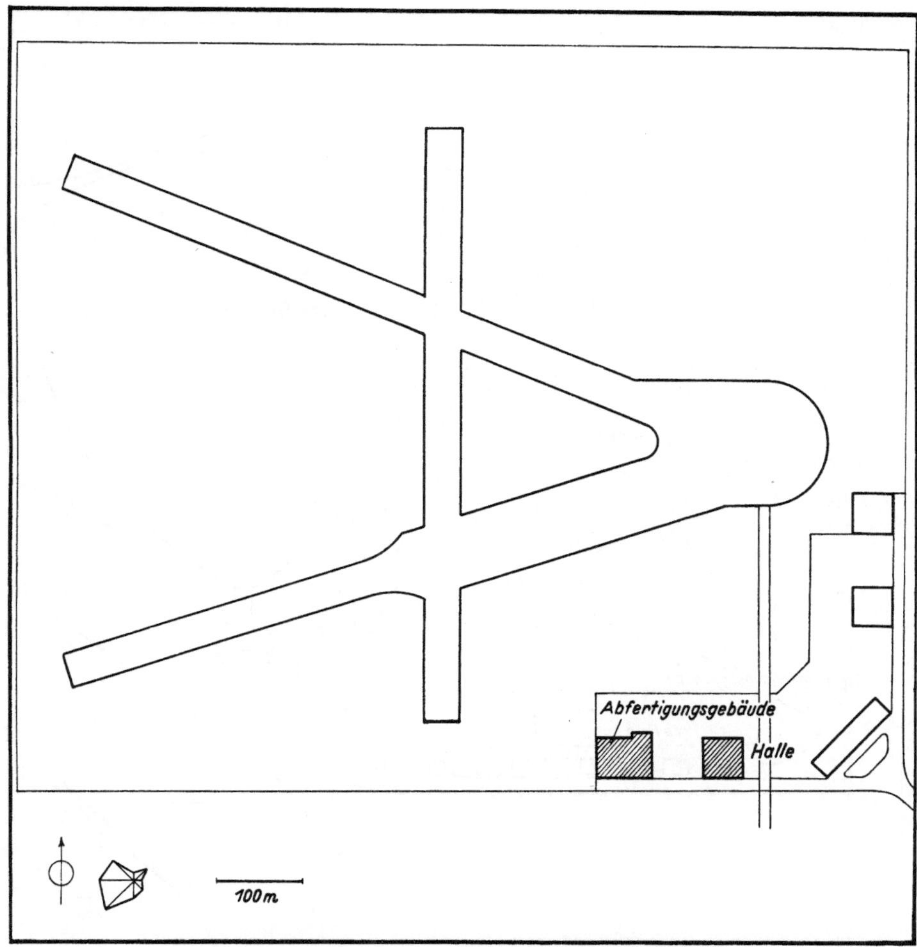


Abb. 28. Zurückgezogene Ecklage: Rochester (N.Y.).

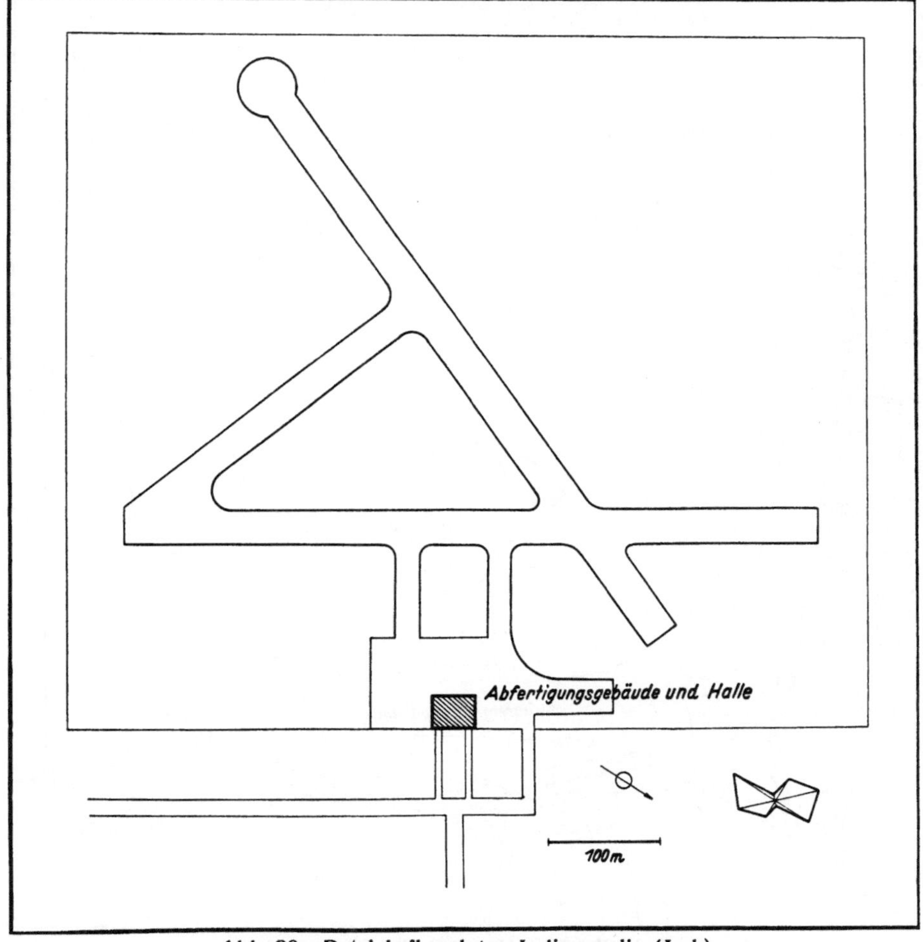


Abb. 29. Betriebsflugplatz: Indianopolis (Ind.).

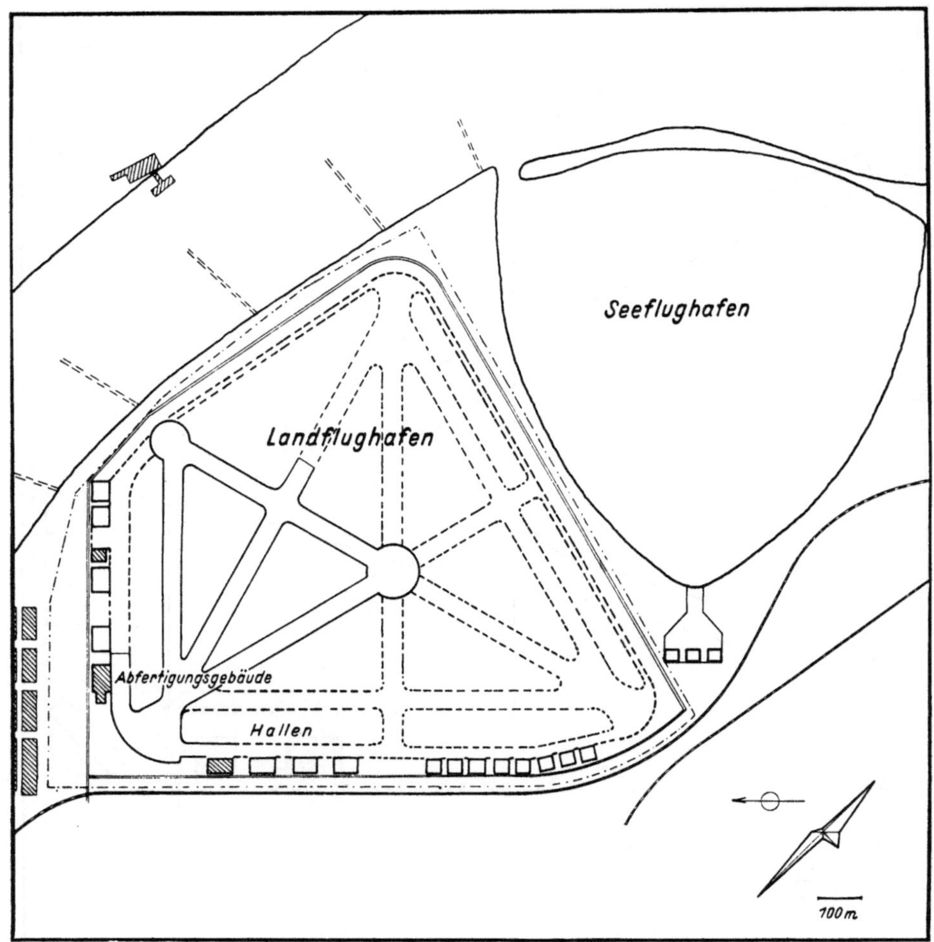



Abb. 30. Kombinierter Land- und Wasserflughafen: St. Paul (Minn.).

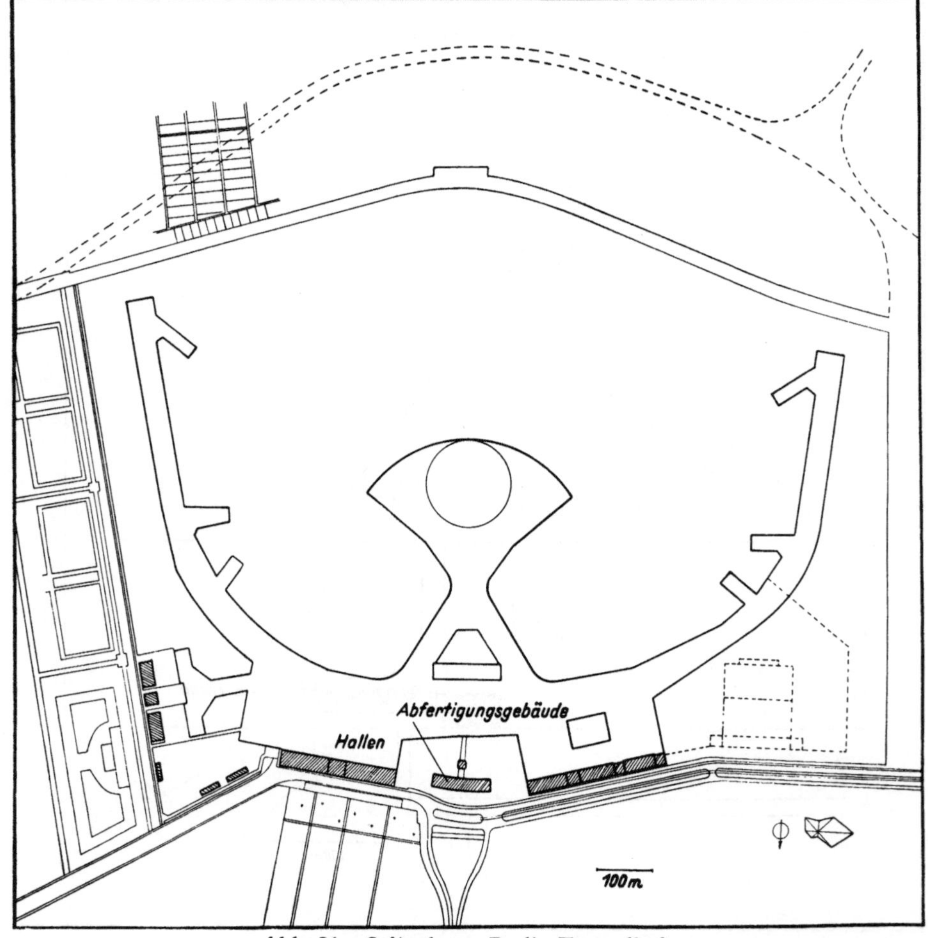



Abb. 31. Seitenlage: Berlin-Tempelhof.

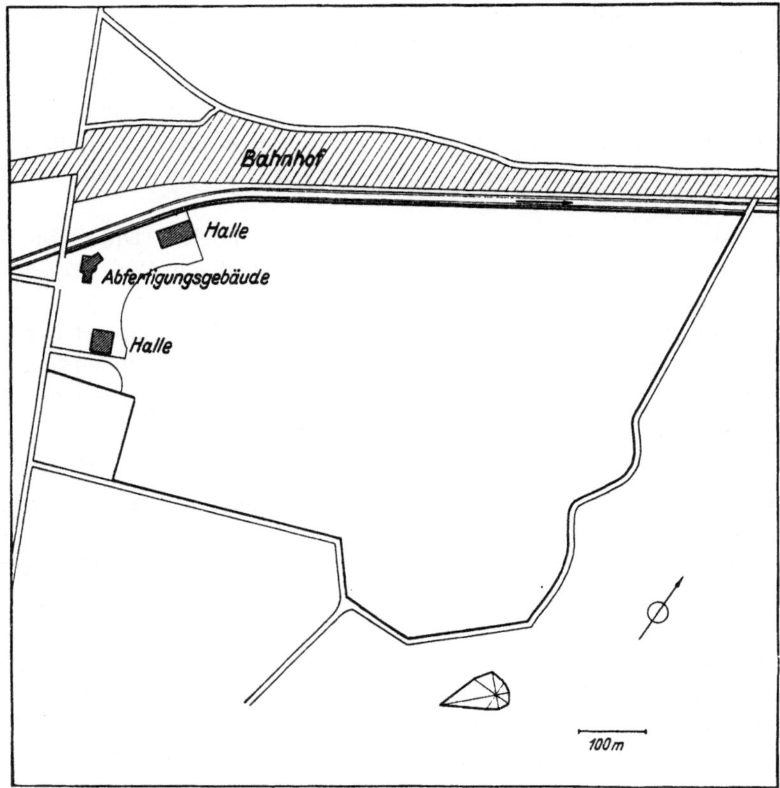


Abb. 32. Zurückgezogene Ecklage: Dortmund.

## 2. Ausgestaltung der Flächen für Bewegungsvorgänge 1. Ordnung oder des Rollfeldes.

Zunächst versuchte man in den Vereinigten Staaten von Amerika, bei der Ausgestaltung des Rollfeldes sich an das Vorbild von Europa zu halten. Je mehr man aber daran ging, vollkommene Anlagen zu schaffen, um so brennender wurde das Problem der Oberflächenbefestigung und seine Lösung in einem anderen Sinne als sie in Europa erfolgte. Infolge der langen Trockenheit, die fast allsommerlich in großen Teilen des Landes herrscht, ist es häufig nicht möglich, die Grasnarbe der Flughäfen in gutem Zustand zu erhalten. Bei dem starken Betrieb, der auf den meisten größeren Flughäfen herrscht, besonders wenn Flugschulen dort untergebracht und tätig sind, wird das Gras rasch verdorben, oder es kann sich bei Neuanlagen eine gute Grasdecke überhaupt nicht entwickeln. Das Rollen eines jeden Flugzeugs ruft dann eine ungeheure Staubwolke hervor, die die Sicht stark beeinträchtigt. Um diesem Übelstand abzuhelfen, kam man sehr bald auf den Gedanken, die Flughafenoberflächen künstlich zu befestigen. Da aber eine Befestigung der ganzen Oberfläche schwierig und kostspielig ist, bildete man Start- und Landebahnen aus, für die verschiedene Befestigungsmethoden erprobt wurden. Die Zahl und Lage solcher Bahnen oder „runways" ist, wie aus den Abb. 26 bis 30 ersichtlich, sehr verschieden. Sie wird besonders bestimmt durch die vorherrschende Windrichtung und durch die Erfahrung, daß die Flugzeuge noch bei Seitenwind unter $22\frac{1}{2}^0$ landen und starten können, die Landebahnen also sich in einem Winkel von höchstens $45^0$ schneiden dürfen.

Das Problem der befestigten Start- und Landebahnen ist für Europa gleichfalls vorhanden und nicht leicht zu entscheiden. Es ist bereits auf dem sandigen Flughafen Berlin-Tempelhof akut geworden und hat dort gleichfalls zur Anlage von Startbahnen geführt, wie sie in Abb. 31 im Ausbau zu erkennen sind. Hier ist ihre eigenartige, von der amerikanischen Lösung abweichende Form aus der Absicht zu erklären, die Oberfläche lediglich nur so weit zu befestigen, als es zum Hochheben des Sporns, der die Grasnarbe in erster Linie zerstört, nötig ist. Eine gute Grasnarbe, wie sie bei dem in Europa vorherrschenden Klima und den Bodenverhältnissen auf den meisten Flugplätzen durchaus herzustellen und zu erhalten ist, dürfte tatsächlich weitgehenden Ansprüchen genügen. Um sie nicht zu zerstören, sollte allerdings in weitgehendem Maße der Sporn durch Laufräder ersetzt werden. In den Vereinigten Staaten von Amerika ist dies seit langem geschehen. Selbst kleinere Flugzeuge haben an Stelle eines Sporns ein Rad und an den Laufrädern Einzelbremsen, mit denen eine sehr gute Wendigkeit der Flugzeuge auf dem Flugplatz und damit eine schnelle Abfertigung erreicht wird.

Die Befestigungsmethoden der „runways" sind sehr verschieden. Die einfachste ist ein Besanden des gut gewalzten Weges mit folgendem Ölen und abermaligem Walzen. Diese Bahnen sind sehr beliebt, da sie nicht sehr teuer sind und weitgehenden Ansprüchen genügen. Eine weitere Befestigungsform ist die Behandlung mit Teer- und Asphaltstoffen nach Art der Straßendecken. Die teuersten und zum Start großer Flugzeuge besonders gut geeigneten Bahnen sind die betonierten, doch sind sie für die Landung wegen ihrer Härte nicht günstig. Die Kosten betragen:

$$\text{Für betonierte Bahnen} \ldots\ldots\ldots\ldots\ldots 7\text{—}10{,}5 \text{ RM./m}^2$$
$$\text{„ Teer- und Asphaltbahnen} \ldots\ldots\ldots\ldots 3{,}2\text{—}5 \text{ RM./m}^2.$$

Im Gegensatz zu den meisten europäischen Flughäfen werden auf den amerikanischen Flughäfen Neigungen des Rollfelds bis 1 : 40 zugelassen gegenüber 1 : 80 in Europa. Die großen Leistungsreserven der Motoren gestatten in erster Linie diese für manche Platzanlage erwünschten und unvermeidlichen Neigungsverhältnisse, vor allen Dingen im gebirgigen Westen und an der Westküste.

Der zweckmäßigen Ausgestaltung der Flughäfen wendet vor allem die Aeronautical Chamber of Commerce besondere Aufmerksamkeit zu. Sie hat auf diesem Gebiet bereits sehr wertvolle Arbeit geleistet. Von Zeit zu Zeit veranstaltet sie Konferenzen, auf denen alle Probleme der Flugplatzgestaltung und Betriebsführung eingehend erörtert und die Ergebnisse zur Diskussion gestellt werden.

### 3. Ausgestaltung der Anlagen für Bewegungsvorgänge 2. Ordnung.

Die Herrichtung der Flächen und Anlagen für die Bewegungsvorgänge 2. Ordnung, wie Flugsteige, Abfertigungsgebäude, Hallen und Werkstätten geht auf amerikanischen Flughäfen in günstiger Anpassung an die Verkehrsbedürfnisse vor sich, so daß ein allmählicher Ausbau sich entwickelt. Auf vielen Flughäfen findet man noch alte kleinere Holzhallen, die zunächst mit wenig Mitteln errichtet wurden und einige Zeit dem Verkehr genügten und erst bei steigendem Bedarf durch neue und moderne Stahlkonstruktionen ersetzt wurden. Ebenso wurde die Abfertigung der Passagiere zunächst in einfachen Baracken oder in den Hallen selbst durchgeführt. Erst allmählich entschloß man sich bei dem rasch anwachsenden Personenverkehr zum Bau besonderer Abfertigungsgebäude. Diese Gebäude zeichnen sich im allgemeinen durch zweckmäßige Grundrißanordnung aus, sind gewöhnlich nicht sehr groß, was besonders im Gegensatz zu manchen europäischen Gebäuden und Bauprojekten angenehm auffällt. Sie enthalten etwa 2 bis 3 Räume für die Flughafenverwaltung, ebensoviele für das staatliche Funk- und Wetterbüro, einige Räume mit Schaltern für die Verkehrsgesellschaften, ein kleines Restaurant mit den notwendigen Wirtschaftsräumen und Aborten. In der richtigen Erkenntnis, daß der Luftverkehr auch bei günstiger Entwicklung niemals ein Massenbeförderungsmittel werden wird, ist bei der Größenbemessung diesem Umstand Rechnung getragen. Dabei ist allgemein die Möglichkeit zur Erweiterung in gegebenen Grenzen offen gehalten.

Als typisches Beispiel für eine zweckmäßige Grundrißanordnung eines Abfertigungsgebäudes sind in Abb. 33 und 34 die Grundrisse eines amerikanischen mittelgroßen und großen Flughafens aufgezeichnet. Vom Standpunkt der in dem Gebäude zu erledigenden Arbeiten und des abzuwickelnden Verkehrs zeigen sie eine sehr klare und zweckmäßige Lösung. Die Gruppierung der einzelnen Räume um die Eintrittshalle entspricht im allgemeinen der in Deutschland üblichen, wie das Beispiel eines deutschen Abfertigungsgebäudes nach Abb. 35 zeigt. Auf die Einrichtung von Hotelzimmern hat man allerdings in den Vereinigten Staaten von Amerika durchweg verzichtet, da die guten Straßenverkehrsmittel eine leichte Verbindung mit der Stadt zu jeder Tageszeit ge-

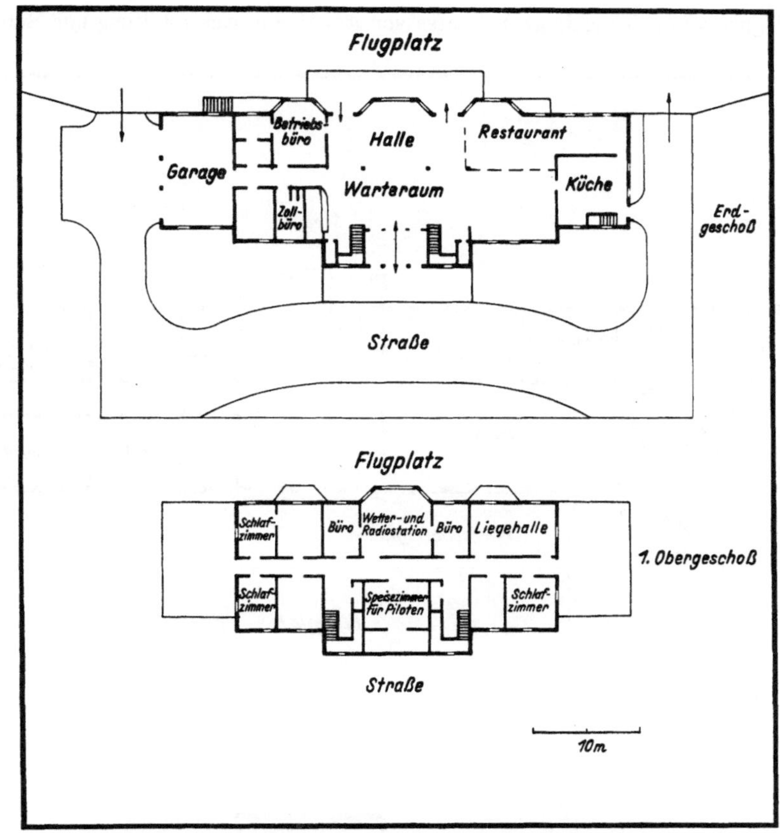



Abb. 33.  Grundriß des Abfertigungsgebäudes eines mittelgroßen Flughafens in den Vereinigten Staaten von Amerika.

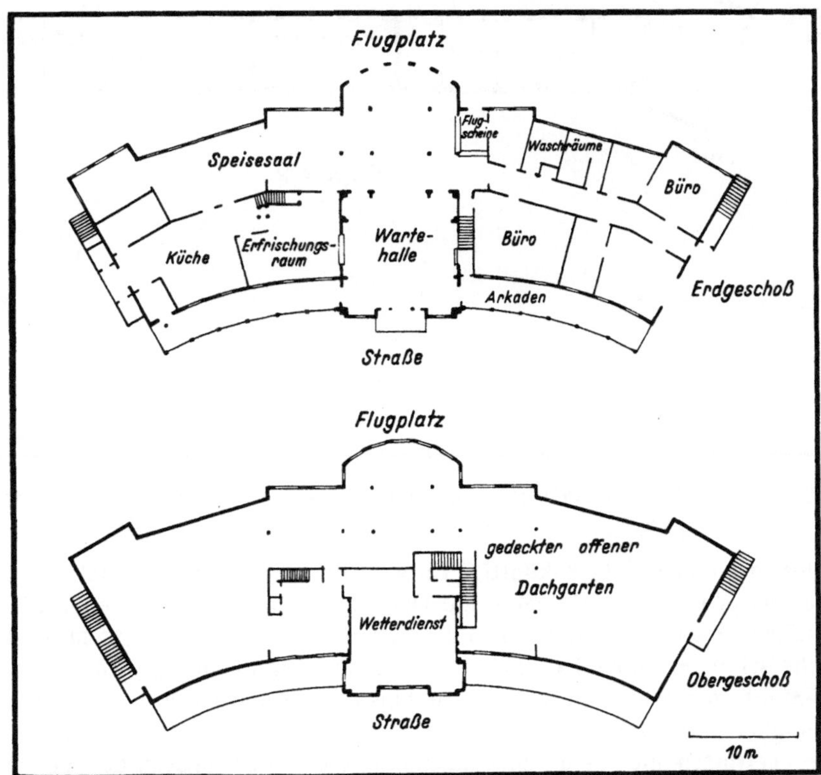



Abb. 34.  Grundriß des Abfertigungsgebäudes eines großen Flughafens in den Vereinigten Staaten von Amerika.

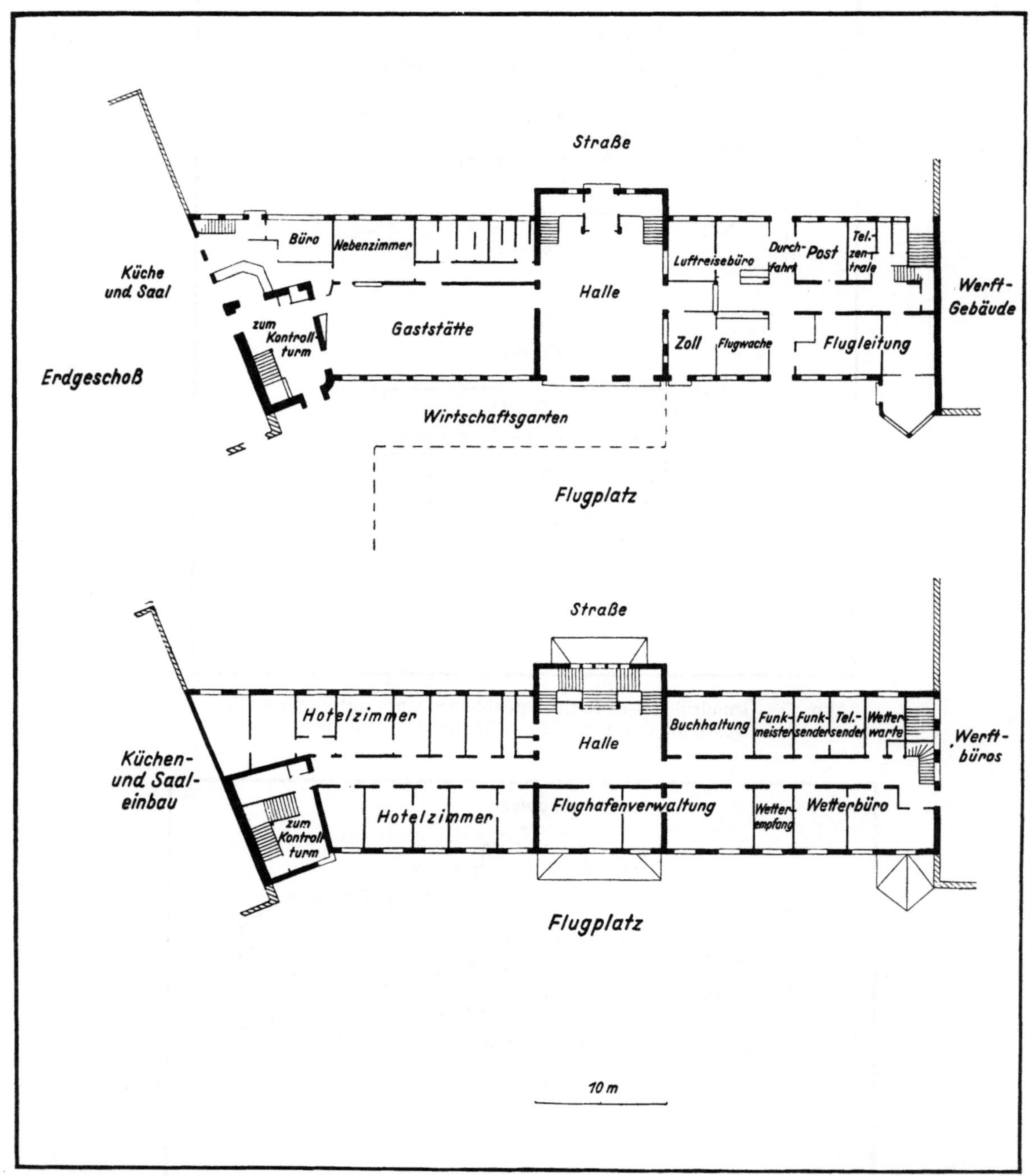


Abb. 35.   Grundriß des Abfertigungsgebäudes eines großen Flughafens in Europa.

statten. Nur dort, wo ohnehin die zukünftige Entwicklung der Stadt ein Hotel angebracht erscheinen läßt, wie es beispielsweise in Oakland und Detroit der Fall war, sind besondere Hotels in der
Nähe der Flughäfen gebaut worden, die auch der Beherbergung des Flugpersonals nutzbar gemacht
werden. In sehr seltenen Fällen hat man im Abfertigungsgebäude ein größeres Restaurant für
Ausflügler der Stadt vorgesehen und wo es ausnahmsweise erfolgt ist, liegt der Flughafen nach Art
des Berliner Flughafens in unmittelbarer Nähe der Stadt. Allerdings hängt dieser Verzicht auf
Tee- und Kaffee-Terrassen auch damit zusammen, daß diese auch sonst in den Vereinigten Staaten

Abb. 36.  Flughafen Burbank bei Los Angeles (Cal.).

von Amerika in unserem Sinne kaum vorhanden sind, weil sich der Amerikaner nur zur Einnahme von Mahlzeiten in den Restaurants aufhält, im übrigen aber einen gemütlichen Nachmittagskaffee weniger kennt.

In den Abb. 36 bis 39 sind einige charakteristische Abfertigungs- und Verwaltungsgebäude amerikanischer Flughäfen in der Ansicht wiedergegeben.  In der Mitte der Gebäude befindet sich im allgemeinen der Betriebskontrollturm, der mit Funkgeräten, Sirenen und Signalen ausgestattet ist und von dem aus Einfluß auf den Flughafenbetrieb genommen werden kann. Meist losgelöst von den sonstigen Hochbauten, wie Hallen, betonen die Abfertigungsgebäude nach Lage und Form die Zentrale und die Seele des Flughafens.  Sie heben sich sowohl unten und von oben scharf aus den Flughafenanlagen heraus.  In größeren Städten werden an der Anfahrstraße zum Abfertigungsgebäude und zwar in seiner unmittelbaren Nähe Garagen vorgesehen, die den Flugreisenden das Abstellen ihrer Wagen bis zur Rückkehr gestatten. So wird eine sehr wertvolle Zusammenarbeit zwischen Luftverkehr und Kraftwagenverkehr ermöglicht. Abb. 40 zeigt das typische Bild eines im wirtschaftlich wenig entwickelten Gebiet Amerikas liegenden Betriebsflughafens auf einer der südlichen Transkontinentallinien. Auf ihm sind die Hochbauten in einfachster Form aus Holz errichtet. Sie enthalten einen kleinen Betriebsraum mit Funkanlagen, einen kleinen Aufenthaltsraum und eine Halle, in der Betriebsstoffe und ein Tankwagen zur Versorgung der Flugzeuge mit neuen Betriebsstoffen untergebracht sind.

Die Formen der Hallen weisen keine Besonderheiten auf, nur die Türöffnungen sind gegenüber den europäischen Verhältnissen meist nicht parallel, sondern senkrecht zum Rollfeldrand orien-

Abb. 37.  Abfertigungsgebäude Cleveland (Ohio).

tiert zum Schutz der Hallen gegen Wind und Staub. Ihre Einrichtungen und ihre Ausstattung mit kleinen Werkstätten sind durchweg modern und zweckentsprechend. Eine Besonderheit bildet nur die Hexagon-Halle auf dem Alhambra-Airport der Western Air Express, dem Hauptflughafen dieser Gesellschaft, die eine der südlichen Transkontinentallinien betreibt (Abb. 41). Sie stellt eine interessante Konstruktion dar. In der Mitte der Halle ist ein zentrales Vorratslager mit kleiner Werkstätte für die Vornahme von Überholungsarbeiten. Die Beleuchtung scheint ausreichend zu sein. Es ist dabei nicht zu vergessen, daß 6 bis 8 Monate hindurch in dem Gebiet fast immer Sonnenschein herrscht und auch der Winter keinen Schnee bringt, der den Lichteinfall behindern könnte. Es ist interessant zu erfahren, daß der Herstellungspreis dieser Halle gegenüber anderen Konstruktionen wesentlich niedriger liegt, er beträgt je m² bebaute Fläche 71,— RM., während andere europäische und amerikanische Hallenanlagen Kosten von 100,— bis 150,— RM. je m² bebaute Hallenfläche verursachten.

Die Flugzeuge werden im Anfangshafen vor den Flughallen auf betonierten großen Plattformen flugbereit gemacht und rollen dann zum Flugsteig zur Übernahme der Ladung. Das Ein-

Abb. 38.  Abfertigungsgebäude Seattle (Wash.).

Abb. 39.  Verwaltungsgebäude St. Louis (Mo.).

und Aussteigen sowie das Beladen und Entladen vollzieht sich außerordentlich schnell und selbstverständlich. Ein sehr praktischer, teleskopartig gebauter Verbindungsgang oder Tunnel führt vielfach von dem Abfertigungsgebäude oberirdisch zum Flugsteig und schützt die Reisenden gegen Wind und Wetter. Er ist 100 bis 150 m lang und kann in seiner Länge beliebig verändert und eingestellt werden, wie es in Abb. 42 links zu erkennen ist, auf der der Tunnel in zurückgezogenem Zustand sich befindet. Auf Durchgangsflughäfen erfolgt die Versorgung mit Betriebsstoffen durchweg mittels Tankwagen, nicht durch stationäre Tankanlagen. Diese bewegliche Betriebsstoffversorgung erscheint sehr zweckmäßig und behindert die Abfertigung der Flugzeuge erheblich weniger als die in Europa meist übliche feste Tankanlage mit ihren langen Schlauchleitungen. Das Flugzeug kann dadurch weitgehend unabhängig von dem Tankort gemacht werden, da der Betriebsstoff zu ihm fährt und nicht wie bei festen Tankanlagen umgekehrt. Es dürfte zweckmäßig

Abb. 40.  Betriebsflugplatz Holbrook an der Transkontinentalstrecke Chicago—Los Angeles.

Abb. 41. Hexagonhalle auf dem Flughafen Alhambra bei Los Angeles (Cal.).

Abb. 42. Abfertigungsgebäude. Eingezogener Verbindungsgang und dreimotoriges Großflugzeug
Typ Boeing 80-A.

Abb. 43. Flugzeugschlepper.

Abb. 44. Hilfskraftwagen für Flugunfälle.

sein, auch in Europa die Möglichkeit dieser Betriebsstoffübernahme in stärkerem Maße vorzusehen, da sie die Abfertigung der Flugzeuge wesentlich erleichtert. Dabei wäre allerdings besonders zu klären, wie weit sie bei starken Verkehrsspitzen den Anforderungen gewachsen ist. Die Beweglichkeit der Flugzeuge in der Nähe der Flugsteige wird außerordentlich unterstützt durch einseitig wirkende Bremsen. Außerdem sind zum Bewegen von Flugzeugen Schlepper vorhanden, wie in Abb. 43 zu erkennen ist. Mit ihnen werden Rückwärtsbewegungen von Flugzeugen möglich und vor allem in den Hallen ausgeführt. Zu Hilfeleistungen bei Unfällen sind bereits auf einigen Flughäfen besondere Hilfskraftwagen nach Art von Feuerwehrwagen eingeführt, wie sie Abb. 44 zeigt. Sie sind aufs modernste ausgerüstet mit zahlreichen Geräten, die zur Bergung von Menschen und Flugzeugen nötig sind.

## V. Die finanziellen Grundlagen der Flughäfen.

### 1. Anlagekosten.

Die gesamten Anlagekosten der Flughäfen für planmäßigen und privaten Verkehr betrugen im Jahre 1930 rd. 504 Millionen RM. Wir haben gesehen, daß sie sich stark verteilen auf eine große Zahl von Flughäfen von mehr oder weniger Bedeutung für den heutigen und zukünftigen Luftverkehr und daß ihre werbende Wirkung erheblich unter der Zersplitterung leiden wird. Dabei sind die verschiedenen Gebiete des Bundesstaates je nach ihrer wirtschaftlichen Struktur auch in verschieden hohem Maße an der Gesamtsumme beteiligt. In Abb. 25 dieser Abhandlung ist diese Verteilung untersucht worden auf Grund der durchschnittlich auf einen Flughafen entfallenden Anlagekosten für die Bezirke Osten, Mitte, Westen und Westküste. Der Osten hat je Flughafen entsprechend den teuren Grunderwerbs- und Herstellungkosten die höchsten Aufwendungen zu machen. Ihm folgt die Westküste, dann Mitte und zuletzt sowie in großem Abstand der Westen, in dem vorwiegend einfache Betriebsflughäfen vorhanden sind. Während nach den Untersuchungen die Kosten für die Hochbauten, ausgenommen im Westen, in allen anderen Bezirken nahezu gleich sind, schwanken sehr stark die Kosten für Grunderwerb und Sonstiges, wobei unter letzterem vor allem die Herrichtung des Platzes zu verstehen ist. So erkennen wir, daß der Osten und die Westküste am stärksten belastet sind, um die Wirtschaftlichkeit des Flughafenbetriebs zu erzielen, und daß daher eine starke verkehrliche Ausnutzung ihrer Flughäfen für sie besonders ausschlaggebend ist, während in Mitte und Westen die Wirtschaftlichkeit in Abhängigkeit vom Verkehrsumfang leichter möglich ist.

Wie weit diese verkehrliche Ausnutzung durch eine zu große Zahl von Flughäfen für eine Stadt beeinträchtigt werden kann, dazu gibt Tabelle 30 einen Anhalt. Sie gibt Aufschluß über Zahl und Anlagekosten der Flughäfen in Abhängigkeit von der Größe oder der Einwohnerzahl der Städte oder von ihrem Verkehrswert. Wir sehen, daß Städte mit mehr als 500000 Einwohnern durchschnittlich vier Flughäfen je Stadt aufweisen und ein Flughafen 3,27 Millionen RM. kostet. Der Luftverkehr, der auf einem Flughafen noch auf weit absehbare Zeit geleistet werden könnte, würde also hier erheblich stärker belastet werden als in Europa, wo auch in den größten Weltstädten nur ein Zentralflughafen vorhanden ist und genügt. Auch die Städte unter 500000 Einwohner haben noch durchschnittlich 1,55 Flughäfen, sind also nicht minder ungünstig gestellt, zumal ihr Verkehrsbedürfnis geringer ist als bei den ganz großen Städten. Erst bei Städten unter 100000 Einwohnern ist offenbar ein richtiges Verhältnis zwischen Flughafenzahl und Stadtgröße erreicht, obgleich auch hier noch erhebliche Anlagekosten aufzuwenden sind. Die Tabelle gibt ein charakteristisches Bild, wie weit mit der Zunahme des Verkehrswertes einer Stadt, der in der Einwohnerzahl begründet ist, die Anlagekosten sich erheblich steigern entsprechend den Anforderungen, die an die Flughäfen zu stellen sind, dann aber auch infolge der mit der Siedlungsdichte zunehmenden hohen Grunderwerbs- und Baukosten.

Tabelle 30. **Zahl und Anlagekosten der Flughäfen der Vereinigten Staaten von Amerika in Abhängigkeit von der Größe der Städte im Jahre 1930.**

| Größenklassen | Zahl der Städte in den einzelnen Größenklassen | Zahl der Flughäfen in jeder Größenklasse | | Durchschnittliche Anlagekosten je Flughafen RM. | Zahl der Flughäfen je Stadt |
| | | Städtische Flughäfen | Flughäfen der Luftverkehrsgesellschaften Privatplätze | | |
| 1 | 2 | 3 | 4 | 5 | 6 |
| Städte mit über 500000 Einwohnern | 13 | 16 | 36 | 3270000 | 4 |
| Städte mit 100000 bis 500000 Einwohnern | 80 | 54 | 70 | 1140000 | 1,55 |
| Städte mit 50000 bis 100000 Einwohnern | 98 | 37 | 32 | 784000 | 0,74 |
| Städte mit 25000 bis 100000 Einwohnern | 177 | 54 | 72 | 221000 | 0,70 |
| Städte mit 5000 bis 25000 Einwohnern | 1441 | 190 | 191 | 178000 | 0,25 |
| Orte mit unter 5000 Eiwohnern | 15238 | 198 | 163 | 42000 | 0,02 |

Wie sehr sich die verschiedenen Bezirke mit Rücksicht auf die Bodenpreise in der Größe der Flugplätze mehr oder weniger beschränken müssen und eingeschränkt haben, zeigt Tabelle 31. In Westen und Mitte gestatten die niedrigen Bodenpreise erheblich größere Flughafenflächen als im

Tabelle 31. **Durchschnittliche Flächenausmaße und Grundpreise der Flughäfen in den Vereinigten Staaten von Amerika im Jahre 1930.**

| | Osten | Mitte | Westen | Westküste | Gesamtdurchschnitt |
|---|---|---|---|---|---|
| Durchschnittliche Fläche je Flughafen in ha | 0,64 | 0,84 | 1,25 | 0,74 | 0,77 |
| Bodenpreise für Flughafenanlagen in RM./ar | 73,00 | 20,00 | 6,00 | 55,00 | 56,00 |

Osten und an der Westküste. Die Flächengrößen stehen nahezu im direkten Verhältnis zu den Bodenpreisen je ar.

Die Analyse der Anlagekosten der Flughäfen zeigt für die verschiedenen Bezirke die Tabelle 32, in der große, mittlere und kleine Flughäfen in einem Bezirk erfaßt sind. Auch hier dominiert wieder der Grunderwerb im Osten und an der Westküste neben den Einebnungsarbeiten, da in den stark besiedelten Gebieten nur eine geringe Platzwahl möglich ist und Erdarbeiten in Kauf genommen werden mußten. In allen anderen Kostenarten liegen nicht so starke Unterschiede vor, abgesehen vom Westen mit seinen kleinen Flughafenanlagen. Die Analyse kann in ihren Gruppenwerten naturgemäß nicht für die Beurteilung der wirtschaftlichen Grundlagen einzelner Anlagen herangezogen werden, sie gibt aber einen guten Überblick über die Gesamtentwicklung.

Tabelle 32. **Durchschnittliche Anlagekosten der Flughäfen in den Vereinigten Staaten von Amerika im Jahre 1930.**

| Kostenarten | Anlagekosten je Flughafen[1] | | | | | | | | | |
| --- | --- | --- | --- | --- | --- | --- | --- | --- | --- | --- |
| | Osten | | Mitte | | Westen | | Westküste | | Gesamtdurchschnitt | |
| | RM. | % | RM. | % | RM. | % | RM. | % | RM. | % |
| Grunderwerb . . . . . . . | 574000 | 53 | 243000 | 44 | 68300 | 39 | 464000 | 55 | 229000 | 51 |
| Einebnungsarbeiten. . . . | 140000 | 13 | 32000 | 6 | 28700 | 17 | 30300 | 4 | 84000 | 10 |
| Drainage. . . . . . . . . | 37300 | 3 | 12100 | 2 | 3900 | 2 | 20400 | 3 | 25200 | 3 |
| Start- und Landebahnen (künstl. Rollfeldbefestigg.) | 39100 | 4 | 25100 | 5 | 3900 | 2 | 51500 | 6 | 35150 | 4 |
| Rasen und Umzäunung . . | 7700 | 1 | 4100 | 1 | 2800 | 2 | 8400 | 1 | 6450 | 1 |
| Abfertigungsgebäude . . . | 50800 | 5 | 25400 | 5 | 14300 | 8 | 36600 | 4 | 38900 | 5 |
| Flugzeughallen . . . . . . | 146000 | 13 | 147000 | 26 | 26000 | 15 | 136500 | 16 | 139000 | 17 |
| Werkstätten u. Tankanlagen | 20600 | 2 | 29500 | 5 | 5200 | 3 | 34900 | 4 | 24900 | 3 |
| Nachtbeleuchtungsanlage | 19000 | 2 | 15700 | 3 | 15200 | 9 | 22300 | 3 | 18200 | 2 |
| Sonstige Kosten. . . . . . | 42300 | 4 | 14400 | 3 | 5200 | 3 | 40500 | 4 | 31600 | 4 |
| Gesamte Anlagekosten . . | 1076800 | 100 | 549100 | 100 | 173500 | 100 | 845400 | 100 | 832400 | 100 |

[1] Gesamtdurchschnitt für die Erhebungen bei 450 Flughäfen.

Eine Einzelbeurteilung und einen Vergleich mit europäischen Flughäfen gestattet dagegen Tabelle 33, in der in analytischer Methode die durchschnittlichen Anlagekosten eines kleinen und großen amerikanischen Flughafens vergleichsfähigen Flughäfen Europas gegenübergestellt sind. Sie gibt zunächst generell den sehr interessanten Aufschluß, daß die Anlagekosten der amerikanischen Flughäfen für kleine Anlagen 37%, für größere 71% der Ausbaukosten europäischer Flughäfen betragen, demnach eine stärkere Belastung des europäischen Luftverkehrs durch Flughafenkosten vorliegt. Im einzelnen sind die Grunderwerbskosten in den Vereinigten Staaten von Amerika nicht geringer als in Europa. Der Ausbau des Rollfeldes besonders bei den größeren Flug-

Tabelle 33. **Durchschnittliche Anlagekosten der Flughäfen in den Vereinigten Staaten von Amerika und in Europa.**

| | Vereinigte Staaten von Amerika | | | | Europa | | | |
| --- | --- | --- | --- | --- | --- | --- | --- | --- |
| | Kleinerer Flughafen | | Größerer Flughafen | | Kleinerer Flughafen | | Größerer Flughafen | |
| | RM. | % | RM. | % | RM. | % | RM. | % |
| 1 | 2 | 3 | 4 | 5 | 6 | 7 | 8 | 9 |
| Grunderwerb . . . . . . . . . . . . | 250000 | 35,5 | 800000 | 26,5 | 1000000 | 53 | 1800000 | 42 |
| Ausbau des Rollfelds und des sonstigen Flughafengeländes . . . . . . . | 250000 | 35,5 | 1200000 | 40 | 200000 | 10,5 | 800000 | 19 |
| Abfertigungsgebäude . . . . . . . . | 45000 | 6 | 250000 | 8,5 | 160000 | 8,5 | 330000 | 8 |
| Hallen, Werkstätten . . . . . . . . | 55000 | 8 | 400000 | 13 | 400000 | 21 | 1000000 | 24 |
| Tankanlagen . . . . . . . . . . . . | 20000 | 3 | 50000 | 2 | 30000 | 1,5 | 70000 | 2 |
| Nachtbeleuchtungsanlagen . . . . . | 30000 | 4,5 | 200000 | 6,5 | 60000 | 3 | 120000 | 3 |
| Techn. Einrichtungen, Geräte usw. | 40000 | 6 | 75000 | 2,5 | 40000 | 2 | 60000 | 1,5 |
| Sonstige Kosten . . . . . . . . . . | 10000 | 1,5 | 25000 | 1,0 | 10000 | 0,5 | 20000 | 0,5 |
| Gesamt | 700000 | 100,0 | 3000000 | 100,0 | 1900000 | 100,0 | 4200000 | 100,0 |

häfen ist in Amerika wesentlich kostspieliger. Die Hochbauten sind in Amerika unter zweckmäßiger Anpassung an das Verkehrsbedürfnis einfacher und in geringerem Umfang ausgebaut als in Europa, während die Nachtbeleuchtungsanlagen in Amerika mit hohem Kostenaufwand hergestellt wurden.

## 2. Ausgaben und Einnahmen.

Ein ähnliches Verhältnis besteht zwischen den in Tabelle 34 analysierten Betriebskosten amerikanischer und europäischer Flughäfen. Die gesamten Betriebskosten eines kleinen amerikanischen Flughafens betragen 40%, die eines größeren Hafens 85% der Betriebsausgaben europäischer Häfen. Im einzelnen erfordert die Unterhaltung des Geländes in Amerika infolge der Notwendigkeit einer Befestigung des Rollfeldes durch „runways" höhere Kosten als in Europa, dagegen drückt sich das große Ausmaß der Hochbauten auf europäischen Häfen durch erhebliche höhere Unterhaltungskosten für diese Anlagen aus. Der hohe Anteil der Gehälter und Löhne in Amerika erklärt sich aus den allgemein hohen Personalkosten gegenüber Europa, während auf der anderen Seite im Bürobetrieb erheblich billiger gearbeitet wird. Die höheren Abschreibungskosten für einen größeren amerikanischen Flughafen gegenüber einem europäischen erklären sich daraus, daß die Anlagen für den Grund und Boden einer Abschreibung allgemein nicht unterliegen. In der Verzinsung zeigt sich wieder ein großer Unterschied zuungunsten Europas, zumal in Deutschland mit höheren Zinssätzen als in Amerika gerechnet werden muß.

**Tabelle 34. Durchschnittliche jährliche Betriebsausgaben amerikanischer und europäischer Flughäfen im Jahre 1930.**

| | Vereinigte Staaten von Amerika | | | | Europa | | | |
| --- | --- | --- | --- | --- | --- | --- | --- | --- |
| | Kleinerer Flughafen | | Größerer Flughafen | | Kleinerer Flughafen | | Größerer Flughafen | |
| | RM. | % | RM. | % | RM. | % | RM. | % |
| 1 | 2 | 3 | 4 | 5 | 6 | 7 | 8 | 9 |
| I. Laufende Betriebsausgaben: | | | | | | | | |
| 1. Unterhaltung des Geländes . . . | 4600 | 5,6 | 25200 | 5,8 | 7000 | 3,5 | 12000 | 2,4 |
| 2. Unterhaltung der Hochbauten und technischen Einrichtungen | 2900 | 3,7 | 10200 | 2,4 | 6000 | 3,0 | 32000 | 6,4 |
| 3. Wasser-, Gas- u. Stromverbrauch, Beheizung . . . . . . . . . . . | 3500 | 4,4 | 20000 | 4,7 | 2000 | 1,0 | 11000 | 2,2 |
| 4. Gehälter und Löhne . . . . . . . | 4200 | 5,2 | 96400 | 22,7 | 13000 | 6,5 | 50000 | 10,0 |
| 5. Bürobetrieb, Propaganda . . . . | 4300 | 5,4 | 6200 | 1,5 | 10000 | 5,0 | 22000 | 4,4 |
| 6. Sonstige Ausgaben . . . . . . . | 1000 | 1,3 | 3000 | 0,7 | 9000 | 4,5 | 18000 | 3,6 |
| Summe d. laufenden Betriebsausgaben | 20500 | 25,6 | 161000 | 37,8 | 47000 | 23,5 | 145000 | 29,0 |
| II. Ausgaben für Abschreibung und Verzinsung: | | | | | | | | |
| 1. Abschreibungen . . . . . . . . . | 26000 | 32,6 | 116500 | 27,4 | 38000 | 19,0 | 100000 | 20,0 |
| 2. Verzinsung des Anlagekapitals . | 33500 | 41,8 | 147500 | 34,8 | 115000 | 57,5 | 255000 | 51,0 |
| Summe d. Ausg. f. Abschr. u. Verzins. | 59500 | 74,4 | 264000 | 62,2 | 153000 | 76,5 | 355000 | 71,0 |
| Gesamtausgaben . . . . . . . . . . | 80000 | 100,0 | 425000 | 100,0 | 200000 | 100,0 | 500000 | 100,0 |

Die bisherige, vielfach überspannte Entwicklung der europäischen Flughäfen belastet den gegenwärtigen Luftverkehr verhältnismäßig erheblich stärker als den amerikanischen. Sie stellt daher den europäischen Luftverkehr unter ungünstigere wirtschaftliche Bedingungen. Zwar beginnt jetzt auch Amerika auf manchen Flughäfen infolge der starken Verkehrszunahme mit großzügigerem Ausbau seiner Anlagen. Sie werden aber nur in wenigen Fällen das Ausmaß der europäischen Flughäfen erreichen. Wird der Kaufwert des Dollars noch berücksichtigt, so ist leicht zu erkennen, in wie starkem Maße die Betriebskosten der Flughäfen in Europa den wirtschaftlichen Erfolg des Luftverkehrs beeinträchtigen im Vergleich zu der dann verhältnismäßig geringen Bedeutung der Flughafenkosten in Amerika.

Die Gegenüberstellung der Tabelle 34 und der Tabelle 35 über Betriebseinnahmen gibt ein Bild über das Problem der Wirtschaftlichkeit der Flughäfen. Es sind hierbei wie bisher Flughäfen gegenübergestellt, die sowohl in Amerika wie in Europa den planmäßigen Luftverkehr als Zentralflughäfen einer Stadt in sich vereinigen, um die richtige Vergleichsgrundlage zu schaffen. Es ist zu erkennen, daß bei kleinen amerikanischen Flugplätzen die laufenden Betriebsausgaben und 18% der Ausgaben für Abschreibung und Verzinsung, somit 39% der gesamten Ausgaben durch Betriebseinnahmen gedeckt werden. Größere amerikanische Flughäfen erreichen die volle Deckung der laufenden Betriebsausgaben sowie der Ausgaben für Abschreibung und Verzinsung zu 52%, demnach eine Gesamtdeckung von 70% durch Einnahmen. In Europa hingegen wird bei günstigen Verhältnissen lediglich die Deckung der laufenden Betriebsausgaben durch Betriebseinnahmen erreicht. Ist der Luftverkehr in Amerika für eine Stadt auf mehrere Verkehrsflughäfen verteilt, so verschiebt sich naturgemäß die Wirtschaftlichkeit sehr zuungunsten der einzelnen Häfen. Europa hat den betriebswirtschaftlich richtigen Weg einer Konzentrierung des Luftverkehrs auf einen Flughafen eingeschlagen, ist aber wegen der engen Raumweiten seiner Länder zunächst weniger in der Lage, den Luftverkehr zur Deckung der Flughafenkosten ebenso stark heranzuziehen, wie es bereits in Amerika möglich ist.

Tabelle 35. **Durchschnittliche jährliche Betriebseinnahmen amerikanischer und europäischer Flughäfen im Jahre 1930.**

| | Vereinigte Staaten von Amerika | | | | Europa | | | |
| | Kleinerer Flughafen | | Größerer Flughafen | | Kleinerer Flughafen | | Größerer Flughafen | |
| | RM. | % | RM. | % | RM. | % | RM. | % |
| 1 | 2 | 3 | 4 | 5 | 6 | 7 | 8 | 9 |
| Flughafengebühren, Mieten u. Pachtgelder für Flughallen und Betriebsräume . . . . . . . . . . . . | 20800 | 67 | 276300 | 93 | 40000 | 95 | 130000 | 93 |
| Betriebsstoffverkauf . . . . . . . . . | 5400 | 17 | 12500 | 4 | — | — | — | — |
| Eintrittsgebühren . . . . . . . . . | — | — | — | — | 500 | 1 | 4000 | 3 |
| Sonstige Einnahmen, Reklame, Konzessionen usw. . . . . . . . . . . . | 4800 | 16 | 8800 | 3 | 1500 | 4 | 6000 | 4 |
| Gesamteinnahmen | 31000 | 100 | 297600 | 100 | 42000 | 100 | 140000 | 100 |

Es ist nun von besonderem Interesse, die weitere Entwicklung der Wirtschaftlichkeit der Flughäfen mit zunehmendem Verkehrsumfang oder in Abhängigkeit von den Starts und Landungen des planmäßigen Luftverkehrs zu erfassen. Zu diesem Zweck enthält die Abb. 45 auf Grund der eben behandelten Ausgaben und Einnahmen die Zusammenhänge zwischen den je Start und Lan-

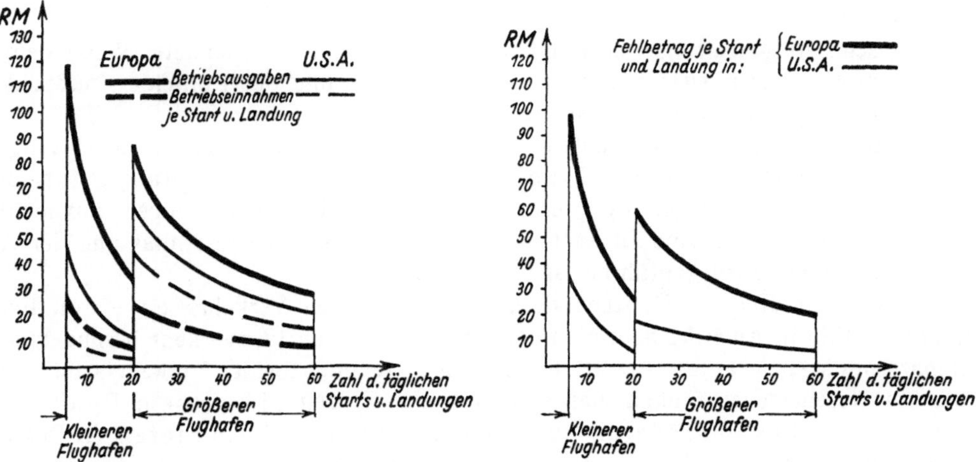


Abb. 45. Wirtschaftlichkeit der Flughäfen in Abhängigkeit von der Zahl der täglichen Starts und Landungen im Jahre 1931.

dung umgelegten Betriebsausgaben und Betriebseinnahmen. Aus den Diagrammen gehen die günstigen wirtschaftlichen Grundlagen amerikanischer Flughäfen klar hervor. Besonders deutlich zeigen dies die Differenz-Ordinaten zwischen den Betriebsausgaben- und Betriebseinnahmekurven, die den Fehlbetrag je Start und Landung in Abhängigkeit von der Zahl der eigentlichen Starts und Landungen darstellen, und zwar getrennt für europäische und amerikanische Flughäfen.

Ganz allgemein kann nach den Ergebnissen der Untersuchungen über die finanziellen Grundlagen und die Wirtschaftlichkeit der amerikanischen Flughäfen gesagt werden, daß in Amerika der Luftverkehr schon erheblich an der Deckung der Flughafenausgaben beteiligt ist in den Städten, in denen der planmäßige Luftverkehr auf einem Flughafen zusammengefaßt ist. Diese Tatsache wird der Dezentralisation des planmäßigen Luftverkehrs auf mehrere Flughäfen einer Stadt immer mehr den Boden entziehen und die bereits eingetretene Konzentration stark unterstützen. Für Europa liegt darin eine Bestätigung der Richtigkeit seiner von vornherein verfolgten Politik der Anlage von Zentralflughäfen für den planmäßigen Luftverkehr. Allerdings scheint es notwendig, daß auch in europäischen Städten genügend Gelände gesichert ist für den privaten Luftverkehr, der sonst mit der Zeit in den planmäßig angeflogenen Flughäfen mancher Städte keine geeignete Entfaltungsmöglichkeit findet. In diesem Punkt haben die amerikanischen Städte heute schon sehr weitgehend vorgesorgt.

# VI. Schlußfolgerungen.

Die Flughafenpolitik in den Vereinigten Staaten von Amerika wurde getragen von den Städten und privaten Gesellschaften. Im Entwicklungsschwang der letzten 4 bis 5 Jahre wurde eine große Zahl von Flughäfen für den planmäßigen und privaten Luftverkehr festgelegt und auch zum Teil ausgebaut, ohne daß jedoch in zahlreichen Städten ein Zusammengehen der öffentlichen und privaten Hand sich durchsetzte. So finden wir heute zum Teil eine starke Dezentralisation des planmäßigen Luftverkehrs auf verschiedene Flughäfen einer Stadt, die bereits sehr hemmend auf die Bequemlichkeit einer Luftreise eingewirkt hat. Die neuere Entwicklung geht dahin, das Beispiel Europas zu verfolgen und den planmäßigen Luftverkehr auf einem Flughafen zusammenzufassen, den privaten Luftverkehr aber auf Sonderhäfen zu belassen.

Die Organisation der Flughafenverwaltung und des Flugbetriebs ist weitgehend rationell gestaltet. Es sind im wesentlichen zwei Organe, die Flughafenverwaltung und die Betriebsgesellschaften, die die Unterhaltung und die Bewirtschaftung der technischen Anlagen sowie den Flugbetrieb durchführen.

In der Abwicklung des Flugbetriebs, vor allem im Starten und Landen wird bisher durchweg mit großer Freiheit verfahren. Doch wird wohl mit der Zeit eine straffere Regelung im Interesse der Sicherheit der Bewegungsvorgänge notwendig werden, wenn sie auch nicht das Maß erreichen wird, das heute noch vielfach in Europa festzustellen ist.

Die technische Ausgestaltung der Flughäfen hat sich in ausgezeichneter Weise dem herrschenden Verkehrsbedürfnis angepaßt. In der Herrichtung des Rollfeldes mußte Amerika zum Teil andere Wege gehen als Europa.

Die gesamte Verwaltung der Flughäfen ist geschäftlich gut geleitet und rationell aufgezogen, so daß die Wirtschaftlichkeit der Flughäfen verhältnismäßig günstig ist. Im Vergleich zu Europa sind die Anlagekosten der amerikanischen Flughäfen geringer, was nicht allein auf die geringen Bodenpreise sondern auch vielfach auf zweckmäßigere Anpassung der Anlagen an den Verkehrsumfang zurückzuführen ist.

Wenn in allen Städten die Konzentration des planmäßigen Verkehrs auf einen Flughafen durchgeführt ist, sind in Amerika dem planmäßigen und privaten Luftverkehr besonders günstige Entwicklungsgrundlagen geboten, soweit sie von einer Trennung beider Verkehrsarten und ihrer Betätigung auf verschiedenen Flughafenanlagen bestimmt werden. In diesem Punkte dürfte das Beispiel Amerikas in größeren europäischen Städten besonderen Anlaß geben, frühzeitig eine ähnliche Trennung anzustreben und zum mindesten die Platzfrage zu lösen.

# Literaturverzeichnis.

### Bücher.

1. Aircraft Year Book, Herausgegeben von der Aeronautical Chamber of Commerce of America Inc. New York City.
2. Deutsches Verkehrsbuch, Herausgegeben von Dr. Baumann, Berlin.
3. Geschäftsberichte der Gesellschaften.
4. Imperial Air Routes, Herausgegeben von Salt, London.
5. Statistica delle Linee Aeree Civili Italiane, Herausgegeben vom Italienischen Luftfahrt-Ministerium, Rom.
6. The Air Annual of the British Empire, Herausgegeben von Burge, London.
7. The World Almanac and Book of Facts, Herausgegeben von The New York World.

### Zeitschriften.

1. Aero Digest, New York.
2. Air and Airways, London.
3. Aircraft, Melbourne.
4. Air Commerce Bulletin, Washington.
5. Airports, Washington.
6. Airway Age, East Stroudsburg, Pa.
7. Aviation, New York.
8. Bulletin de la Navigation Aérienne, Paris.
9. Bulletin de Renseignements, Paris.
10. Flight, London.
11. Flug, Wien.
12. Imperial Airways Gazette, London.
13. L'Aéronautique, Paris.
14. L'Air, Paris.
15. La Technique Aéronautique, Paris.
16. Les Ailes, Paris.
17. Le Vie dell'Aria, Rom.
18. Luft Hansa Nachrichten, Berlin.
19. Luftschau, Berlin.
20. Luftwacht, Berlin.
21. Nachrichten für Luftfahrer, Berlin.
22. N.A.T. Bulletin Board, Chicago.
23. Rivista Aeronautica, Rom.
24. S.A.E. Journal, New York.
25. Schweizer Aero-Revue, Zürich.
26. The Aeroplane, London.
27. Traffic World, Chicago.
28. Western Flying, Los Angeles.
29. Zeitschrift für Flugwesen, Prag.